研究者の省察

黒須正明 著

近代科学社

◆ 読者の皆さまへ ◆

平素より，小社の出版物をご愛読くださいまして，まことに有り難うございます．
㈱近代科学社は1959年の創立以来，微力ながら出版の立場から科学・工学の発展に寄与すべく
尽力してきております．それも，ひとえに皆さまの温かいご支援があってのものと存じ，ここに衷心
より御礼申し上げます．
なお，小社では，全出版物に対してHCD（人間中心設計）のコンセプトに基づき，そのユーザビリ
ティを追求しております．本書を通じまして何かお気づきの事柄がございましたら，ぜひ以下の「お
問合せ先」までご一報くださいますよう，お願いいたします．

お問合せ先：reader@kindaikagaku.co.jp

なお，本書の制作には，以下が各プロセスに関与いたしました：

・企画：小山 透
・編集：大塚浩昭
・組版：DTP（InDesign）／tplot inc.
・印刷：藤原印刷
・製本：藤原印刷
・資材管理：藤原印刷
・カバー・表紙デザイン：tplot inc. 中沢岳志
・広報宣伝・営業：冨髙琢磨，山口幸治

- 本書の複製権・翻訳権・譲渡権は株式会社近代科学社が保有します．
- JCOPY <（社）出版者著作権管理機構 委託出版物>
本書の無断複写は著作権法上での例外を除き禁じられています．
複写される場合は，そのつど事前に（社）出版者著作権管理機構
（電話 03-3513-6969, FAX 03-3513-6979,
e-mail: info@jcopy.or.jp）の許諾を得てください．

はじめに

　世の中にはいわゆる研究者のあり方に関する本，研究者本とでもいえばいいだろうか，そうしたものが既に結構出版されている。そうした状況で僕に研究者本を書く資格と必要性があるかどうかはよく分からない。自分を研究者と呼ぶには，一般に考えられているだろう研究者のイメージから相当かけ離れた生活を送ってきたからだ。しかし反対に，誰にそれを書く資格があるのかを考えてみてもよく分からない。まあ自分が研究者だと思っている人には，等しくそれを書く資格があるといえるのではないか，という考え方もできるだろう。世の中にいる人が様々であるように，研究者も様々であり，それを一括りにしてしまうことはできない。とすれば，研究という活動の一端を担っていた僕が，あくまでも自分の経験をベースにして何らかの考察を書き連ねることは許されてもいいだろう。そんな風に考えることにした。

　ところで研究者という概念には類似のものが色々ある。学者，博士（はかせ，学位取得者は「はくし」と読む），知識人，学識経験者，大学教授，専門家などである。それぞれに使用される文脈が異なったりするが，その語釈について比較をしながら論じることはここでは避け，付録にまわすこととし，次のような暫定的な定義を与えておくことにする。それは

「専門とする領域において深い見識や知識をもち，それをベースにして新しい領域に挑んで調査や実験，考察等を行い，さらなる知的資産を構築しようとする人」

というものである。

本書は研究者を志向している人々を念頭に置いて書いた。それは社会人や大学院生かもしれないし，大学生かもしれないし，あるいは高校生，中学生かもしれない。さらにはちょっとおませな小学生かもしれない。年齢や経験の多寡には関係なく，研究という活動に何らかの魅力を感じている人，それに強く動機づけられている人，そうした人たちを対象としている。

　世の中に科学する心を持った人は多いし，その人数はますます増えてほしいとは思っている。工学だって同じだ。工学は意味のあるものを作ろうとしてそこに力を注ぐ。そして科学や工学は日常生活を見る目を変えてくれる。新しい目線でものごとを見ることは大切だ。しかし科学する姿勢，工学する姿勢を持っているだけでは研究者とはいえない。より正確にいえば，日常科学は良き常識人をつくるためのものであるが，研究者はそれ以上の水準で科学や工学の最先端を切り開く人である。

　研究者であるためには研究に没入するための時間も必要だし，費用や設備，道具なども必要になる。そうした理由からよほどの大金持ちでもないかぎり，一般の研究者は企業や公立の研究所，あるいは大学などの組織に属して研究活動を行っている。そして当然のことながら，組織の一員であることによる制約も受けている。

　大学という組織に属している教授や准教授，助教などの教員はどういう位置づけにあるのだろう。本書を通読していただければ分かるように，大学の教員は，研究者としての側面と教育者としての側面を合わせ持っている。役職名に「教」という字がついていることからも分かるように，ほとんどの場合，学生を教えるという側面があり，文科省の施策のおかげで近年ますますその傾向が強くなってきている。そのために研究をするための余裕が無くなったと嘆いている人たちも多い。その意味で，大学に勤めるより，研究所に勤務することを選ぶ人たち

もいる。しかし，その場合も研究所にはそれぞれのミッションというものがあり，研究所に入ったからといって好きなことがやり放題になるというわけではない。他人の指図を受けずに好きなことが研究できるようになるのは定年を迎えて以後，あるいは深夜帰宅してからということになるかもしれないが，定年を迎えてしまうと残された時間は少ないし，収入は年金が主体となって大幅に減少する。

研究者と似た概念として学者というものがある。こちらは研究者とは違って既に博識の持ち主となっている人で座敷かアームチェアに座っているような趣がある。研究者とは格が違うともいえる。また，研究の最先端で切磋琢磨しているというニュアンスも低い。研究者のフェーズを終えた人たちといっていいかもしれない。ゆとりある生活のなかで，好きな研究をじっくりとやれるのは学者の人たちなのかもしれないが，そうなれるかどうかは経済状態や生家の資産状況にもよるので，誰もがなれるものではない。

そのようなわけから，本書はちょうど筆者自身の場合のように，普通の人間が研究者を志向した場合について書くことを基本方針とした。また，たとえば分子生物学の研究者と哲学の研究者とは，むろん共通する部分もあるだろうが，まったく同じような状況におかれているとは考えにくい。つまり研究領域によって研究者のあり方は異なるので，本書では，筆者が自分のベースとしている心理学，情報工学，デザインといった領域の複合体であるヒューマンインタフェースの場合を基本とすることにした。

なお，ヘンリーミラー (Henry Miller 1891-1980) は『南回帰線』の中で，「本を書くためには，すべてを断念し，書く以外のことを，なにもしてはならないこと，そして，たとえ世界じゅうの人間がそれに反対しても，たとえだれひとり自分を信じなくても，書いて，書いて，書きまくらなければならないことを，思い知らなければならなかった」

（大久保康雄訳）と書いている。彼の著作における饒舌の凄さには目を見張るものがあるが，こうした強い没入と自己中心性は，書籍を執筆する際のひとつのスタンスであるともいえるだろう。僕はどちらかというと軟弱な方だから，彼ほどの思い切りの良さは持てなかったが，ともかく所定の枚数のなかで，自分の思うところを書きまくる，ということだけは試みたつもりである。

以上が本書のスタンスである。また本書のタイトルは，敬愛する**ラ・ロシュフコー**（François VI, duc de la Rochefoucauld 1613 - 1680）の『箴言と省察』から取らせてもらった。英語にするなら（説明はちょっと面倒なので省くが）そこからmoralという単語を外してReflections of a Researcherとでもなるのだろう。

本書と類似の企画が出たのは2006年頃のことなのだが，具体的に執筆を開始するようになったのは2010年のことである。それにしても時間がかかってしまった。途中，STAP細胞事件などがあり，また諸般の事情によっていったん書き上げた原稿をリセットする，などの出来事もあったのだが，それにも関わらず暖かく励ましを与えてくださった近代科学社の小山透社長には深く感謝する次第である。

2015年8月

黒須正明

目次

はじめに iii

第1部 研究者としての足跡 1

  1. 小中高の時代 2
  2. 早稲田大学時代 4
  3. 早稲田大学大学院時代 7
  4. 日立製作所中央研究所時代 11
  5. 日立製作所デザイン研究所時代 16
  6. 静岡大学情報学部時代 21
  7. メディア教育開発センター時代 24
  8. 総合研究大学院大学時代 28
  9. 放送大学時代 30
 10. 定年後の研究生活の予測 32
 11. 研究環境の整備 36

第2部 研究者のあり方 41

  1. 研究倫理ということ 42
  2. 研究へのモチベーション 43
  3. 時代と場所の制約 45
  4. パラダイム 47
  5. 主義 50
  6. 歴史的存在としての研究者 52
  7. 研究分野の細分化と融合的研究 54
  8. 新規性と有用性 56
  9. 研究のための研究 58
 10. 常識 61
 11. 戦争と平和 64
 12. 国家と社会 67
 13. マスメディア 71
 14. 楽観主義と悲観主義 73

第3部 研究者の生き方 ... 75

- 1. 研究への入り口 ... 76
  - 1.1 なぜ研究したいのか ... 76
  - 1.2 何を研究したいのか ... 85
  - 1.3 制約 ... 93
- 2. 研究者としてのライフスパン ... 97
  - 2.1 初等中等教育の段階 ... 97
  - 2.2 高等教育の段階 ... 98
  - 2.3 研究者としてのコンピタンス ... 100
  - 2.4 留学について ... 109
  - 2.5 目標となる研究者の探索 ... 111
  - 2.6 学位をとること ... 112
  - 2.7 研究者入門の段階 ... 119
  - 2.8 研究者としての段階 ... 121
  - 2.9 研究管理者としての段階 ... 127
  - 2.10 学会活動 ... 129
  - 2.11 定年以後の生き方 ... 131
- 3. 社会的活動としての研究 ... 133
  - 3.1 社会という枠組み ... 133
  - 3.2 大学という場 ... 142
  - 3.3 研究活動における人間関係 ... 156
  - 3.4 学会という世界 ... 162
- 4. 研究活動へのスタンス ... 172
  - 4.1 個人的スタンス ... 173
  - 4.2 社会的スタンス ... 185
  - 4.3 研究のティップス ... 191

付録　研究者と関連概念 ... 195

引用文献 ... 213

索引 ... 215

第1部

研究者としての足跡

まずは，僕がどのようにして研究者を志向するようになったか，どんな歩みを経てきたのかを書くことが必要だろう。それが本書を執筆した前提条件になるからである。

1. 小中高の時代

およそ小学生の頃だったか，将来なりたいと思っていたのは学者だった。子供のことだから，何か偉い人，といった程度のイメージだったのかもしれないが，何かを知っていることはとてもすごいことだ，という印象もあった。母方の親戚には法学の分野で著名な大学教授がいて，とても偉い人だ，と言われていたからかもしれない。また父方の祖父は耳鼻咽喉科の医者で六本木に自宅と病院を構えていたが，その書斎のストイックな雰囲気にあこがれを抱いていたりした。

その頃の自分にとって死への不安と恐怖はとても強いものだった。死は，何か捉え所のないものだし，死んでしまうとどうなってしまうことなのか分からないことが不安であり，死んでしまったら未来永劫に自分は消えて無くなってしまうのだろうということが恐怖だった。天国はもちろん地獄なんてものも存在するなんて子供心にもまったく信じられなかった。霊魂の不滅や輪廻なんてことも考えれば考えるほどあり得ないと直感的に思っていた。だから絶対的な無である死に対して，様々なことを知り，考え，理解することができれば，その不安や恐怖を消すことができるのではないか，とも思っていた。だからこそ，それを考えるための時間がほしかったし，若死にだけはしたくなかった。

そんなことから素朴で漠然としたものではあったが，「知への渇望」があった。ただ，その時に考えていたのは学者であって研究者ではなかった。そもそも研究者という概念は頭の中になかった。頭に浮かんでいたのは，本を読み，考えを巡らしながら暮らしている人といった学者のイメージであり，どうやって食い扶持を稼ぐのか，自分の家の財産が有り余るほどあるのかどうかなど，考えてもいなかった。研究という仕事を行うことで給料を得て，あるいは印税を得てそれで生活をしていく，というイメージはまったくなかった。

中学に入った頃には，学者といえども生活をしなければならないこ

とは理解できるようになり，そのための職業として大学教授というイメージが具体化した。その頃は，大学教授というのは研究をしていればよいのであり，教育を本務とするのだということはまったく頭になかった。このことには，毎年行くようになった北軽井沢の別荘邑で，ある大学教授が一夏をずっとそこで過ごし，読書や思索三昧の生活をしていたのを横目に見ていたことも影響したように思う。大学教授と同時に頭にあったのは自由業というわけの分からない職種だった。ともかく"自由"というその一言に憧れてしまっていた。何かに縛られ，誰かに命令されることはとにかく嫌だった。

　では何を研究するのか，したかったのか。同級生が生物部で甲虫の"研究"をしていて，たくさんの甲虫を集めて分類し地道に標本を作っていた。それを見て，これが研究だとしたら，こういうことはしたくないな，と思った。それをやって何になるのか，という自分視点での理屈である。そもそも自分は，自分について，そして死について考えたいし，生きることについても考えたい，自分の存在や世界や，それを知る認識という精神作用についても知りたいし考えたい。それに役立つのはどういう学問なのだろう。まったく見当が付いていなかった。哲学かもしれないし，文学かもしれない，という気はした。けれど，自分の専門として哲学を学ぶことや，作家として作品を書くことはほとんど考えていなかった。なぜか。直感的に，それらは自分で道を究めるための途中のステップとして，仕事としてではなく自分ひとりでやっていけばいいのだ，というような気がしていたからだ。

　高校生になった時にはものすごい自意識の塊になってしまっていた。そのためか，何の証拠もなしに，自分には才能があると思い込んでいた。たとえば，数字をいじっていてパスカルの三角形と同じ構造のものを"発見"し，それがそういうものだと知った時は，天才的な才能があると考えたりしてしまった。そこから二項展開へと抽象化することもできなかったくせに，単に周囲が自分の才能を見い出す能力を持っていないのだ，というわけだ。まったくの自己中心的な発想だし，い

わゆる遅くやってきた中二病ともいえるのだが，自分のことを認めることのできない周囲の人々に敵意すら抱いていた。中学の時のように，素朴に素直に友達と遊ぶこともできず，当時流行していた実存主義の本を読むふりをしてみたり，アナキズムに憧れてみたり，現代音楽に惹かれてみたり。要するに周囲と違う自分，何かがあるはずと思われる自分を思い込みで作りだし，その殻のなかに閉じこもっていた。周囲と異なるようになることで自分自身を確認できるだろうと思っていたわけだ。しかしその頃は，受験体制のなかに組み込まれていたために，自分の将来像について，あまり考える精神的余裕はなかったように思う。

　だから大学入試ではどこを受験するかで迷った。何を専攻すればどのような未来が開けるのかも分からずにいた。結局，慶應や早稲田の文学部や法学部など五つほどを受験した。その中にはなんと外語大のイタリア語専攻も含まれていた。膨大な古典の勉強ができる，くらいに思っていたのだろう。結局，早稲田の文学部に入学した。というか，そこしか合格しなかったのだ。受験体制という外部から強制される枠組みが嫌で，それを口実に受験勉強をせず，高校3年になっても小説なんかを読んでいたから，まあ致し方ない結果ではあった。

2. 早稲田大学時代

　いざ大学に入ってみて，混沌のなかに落とし込まれたような気持ちになった。受験体制からは解放された。だからサークル活動というのもしてみたいと，登山や合唱や何やらで三つも四つもサークルに入った。ヌーボーロマンやサドやミラーやダレル，マンディアルグなどの小説などを読みふけった。アメリカ文化センター主催のクロストークインターメディアなど現代音楽のイベントにも出かけていった。大隈講堂で開かれる映画鑑賞会にも頻繁にでかけて現代物の映画，たとえば『ラ・ジュテ』なんかを見ていた。ロックのコンサートにはいまだに出

かけて行くが，このころから洋楽のコンサートに頻繁にでかけるようになった。また授業ではラテン語の授業も取ってみた。要するにひとつの目標，などというものはなかった。そのおかげで1年の時の成績は惨憺たるもので，特に第二外国語として選んだフランス語の成績がひどかった。

　この時期のことは今でも時々夢に見る。かなりデフォルメされた大学の建物のなかで，エレベータで上に行ったり下に行ったり，どこに行くのか分からずにうろついている自分。何かの集会の席で，空中を浮遊するようにそこを通り抜け，広い和風の旅館のような建物のなかをどこへともなく動いていく自分。劣等生として大学の事務からも見放され，周囲の学生とは異なる空気のなかで座り込んでしまっている自分。何かをしたいのに何をするでもなく，何かを目指しているはずなのに何を目指しているのでもなく，将来も描けずに現実にも適応できずに孤立している姿。この混沌の状態は，ある意味で僕の原点になっているように思う。他人の2倍生きよう，生きなければならないという僕の強迫観念はここから生まれたのだと思う。ヘッセの『荒野の狼』に，表面的にではあるが共感をおぼえたのもこの時期のことだ。

　それで2年になってからは，サークルをすべて辞め，日仏学院に通ったり，タイプライターを買ってフランス語のテキストをタイプしまくって暗記したり，1年の時とは一転してガリ勉男になった。まったく体制に順応する人間になっていたし，受験時代よりも勉強したと思う。おそらく留年，そして退学といった形で，現在の生活を失うことに対する不安が強かったのだろう。少なくとも現在の状況が，既存の体制のなかでしかありえないのだろうと考え，まずは体制に乗っかることを考えたのだと思う。

　2年生の中頃には3年からの専攻を決定しなければいけなかった。当時は2年までが教養課程で3年から専門課程に入ることになっていた。はじめは歴史のなかで人間を考えようとも思ったが，文献の山に囲まれた過去の出来事の研究は自分の肌に合いそうになかった。そ

うした中で，文化人類学の西村朝日太郎教授に出会い，その研究室に出入りするようになった。自分を含めた人間について考えるには人類と名のついた人類学がいいのではないか，というのがその動機だった。だが西村教授の専門は漁労人類学で，研究室には東南アジアの漁具や漁船が陳列してあった。さて，と考えざるを得なかった。漁労もいいんだろうけど，そこから人間理解に至るのは実に迂遠な道ではなかろうか，という短絡的な考えである。同時に考えたのは，そもそもの自分の発想は自分とか自我という側面にあったのではないか，ということだ。それなら，ということで心理学を専攻に選んだ。

　3年になって心理学専攻に入ったが，生理心理学は，そんなことを学んでも「自分」の理解にはつながらないだろうと勝手に判断して授業をさぼり，心理統計法は，そんな数値で人間が分かるものかと思い込んで授業をさぼった。即断即決ではあるが，何とも愚かしく拙速なことだった。結局，それらの勉強は後になってから自分ひとりでやり直すことになった。

　この年の後半，学生運動の火の手があがった。活動家にオルグされて議論をしたりしたが，社会の問題よりは自我の問題の方が重要だと理屈をこねて参加を拒否した。何を目的にしているのか分からない学生運動には自分の生き方との接点を見つけられなかった。そのくせ時たまデモに参加してみたりした。首尾一貫していなかった。とにかく自分が，自分が，という人間だったのだ。教室がバリケードで封鎖され，授業がなくなったので，自主的な研究会活動に参加した。臨床心理学関係のものが多かったが，自閉症の子供の世話ができず，子供の症状が悪化してしまった。そうしたことから，自分には他人に対する関心や愛情がないのだろう，自分のことだけが大切な人間なのだ，と自覚するに至った。ただ，研究会活動は，自分で勉強し研究する，という点では肌に合っていた。卒業論文では社会的知覚というテーマを選んだ。特にそれがその時代に話題のテーマだったというわけではなく，単に知覚つまり認識に社会的要因が関係しているという点に

興味があり，勝手に決めたテーマだった。指導教授泣かせの学生だったと思うが，自分が研究だと思うことを精力的にやっていた。

3. 早稲田大学大学院時代

　大学院に進むというのは自分にとっては既定の路線だった。卒業して就職するというのは考慮の範囲外だった。やはり大学教員という，学者もしくは研究者の道を志向していたからだろう。幸い，1年の時の成績がひどかったにもかかわらず，その後のリカバリーが良かったのか推薦で修士に入れたので受験勉強はせず，好きなことをしていた。そして大学院に入ったら奨学金がもらえるようになった。いや，もともと返還するのが筋だったものだが，当時は教育職につくと年数に応じて返還が免除されるという仕組みがあり，勝手に大学教員になるつもりでいた僕にとって，それはモラトリアム生活支援金と位置づけられていた。

　修士に入ってからは遊び癖がでて，ヨットクラブに入ったり，親に中古車を買ってもらって乗り回したり，女子大の心理学研究会のコーチをしたりして，結構楽しい暮らしをしていた。中学，高校と男子だけの受験校にいた反動でもあったのだろう。しかし，そうした僕に研究者の卵としての自覚を与えてくれたのは，知覚心理学の牧野達郎教授だった。その授業に2年間参加するなかで，研究テーマはどのようにして設定され，それに対してどのように取り組むべきか，研究における考察はどのようにして切り口を見つけていくのか，といったことを学ぶことができた。牧野先生の授業は実に刺激的な時間だった。また，全国の大学の知覚心理学関係者の集まりである知覚コロキウムという組織にも参加し，当時徳島大学におられた海保博之教授（後に筑波大学）と出会ったことも大きかった。直接指導を受けたわけではないが，後に本の執筆などで声を掛けていただき，その打ち合せなどの機会に議論をすることがとてもよい刺激になった。この他にも，環境

心理学や音楽心理学，職業適性心理学などのお手伝いもしていたが，何にでも手をつけて発散気味の僕に，知覚心理学，そして認知心理学への方向付けをしてくれたのは牧野，海保の両教授であった。後から思うと，こうした出会いというものが，人生の中には何回かあるようだが，それを大切にし，そこからどれだけのことを吸収できるかが，その後の人生を決めてしまうようにも思う。

　博士課程に進学するかどうかという段で，就職することも考えないわけではなかった。いや，本音では就職する気はなかったけれど，就職というものがどんな感じのものかを知りたいという気持ちがあった。それで修士2年の夏に，父の紹介で，ある広告代理店にアルバイトとして入った。しかし広告代理店という業務の性格が肌に合わなかったのか，完全に職場のお荷物になってしまい，オフィスの片隅で本を読んでいるような状態だった。いい加減ケリをつけようと，ある時，「お世話になりましたが」と上司に切り出したら，「あ，いいですよ」と即決だった。

　そんなわけで，モラトリアム第2期として博士課程に進学することにした。今度は推薦はなかったので，修士論文を書きながら入試に必要なフランス語の勉強をするような日々を送った。修士論文のテーマを決めるにあたり，高校以来の数学コンプレックスの反動から，数理心理学や計量心理学に興味を持っていたため，信号検出理論を使った再認記憶の研究を取り上げることにした。論文に数式がたくさん入ることが自分を満足させた。自分でもやればこれだけできるんだといった自己再評価をしたわけである。24歳にしては何とも幼稚な精神構造であった。

　幸い，博士課程に入学することができた。ただ，当時は，まだ教授でも学位を持っていない人が多く，要するに，学位というのは長年の研究の積み重ねに対する恩賞として与えられるものだという認識が学内，特に文学部には漂っていた。だから，正直言って博士課程の間に論文を書くつもりはなかった。奨学金がもらえた3年間はかなり優雅

だった．学位論文に集約することを考えずに，認知心理学や色彩心理学，官能検査，人間工学など，興味のあるテーマをつまみ食いしてまわっていた．ただ，今から振り返ると，当時の本や論文の読み方は実に不適切きわまりないものだった．乱読ならまだしも，積ん読や持ち読が多く，買ったりコピーをしただけで安心してしまうことも多かった．結局，読了した本や論文はさほど多くはなかったし，批判的な読み方というものも身についていなかった．ただ，いろいろと読んでみて，その読み方を反省するなかから，徐々に適切な読み方を身につけてきた，という感じがする．そもそも教授の中にも，大学院は自分で学ぶところだから研究のやり方については教えない，というスタンスの人が結構いた．中にはきちんと厳しく指導をする教授もおられたが，自己流が好きな僕は，そうした教授とは距離を置いてしまっていた．

　このあたりについて，最近の修士，博士の学生さんの様子と比較すると，実に隔世の感がある．いや，隔世というほど一般的なものではなく，単に僕個人の場合と大きく違っている，というだけかもしれない．現在では，学部はもちろんのこと，大学院でも「**教育**」ということが重視されるようになり，教育の**質保証**といった問題が真剣に議論され，カリキュラムも整備され，半期で15コマはちゃんと授業をすることが求められるようになった．こうした現在の状況と比較すると，ずいぶん大きな違いがあるように思う．また学位についても，最近では，文学部であっても博士課程に入学したら学位を取得することが当然の目標であるとされるようになり，きちんとした研究を積み重ねることが要求されるようになった．ただ，どちらがよいのかと改めて考えてみると，僕のような人間には僕のような**キャリアパス**を経由するのが良かったような気もしている．かなり非効率な回り道をする結果とはなったが，型にはめられて教育されるのが合っている人もいれば，合わない人もいる．現在の大学院教育は，後者のような人間を排斥するような結果になっていないだろうか，と思うこともある．もちろん，それは現在の僕自身が現在，適切な研究者になっているならば，という前提の

もとでの話である。

　博士課程の時期に起きた大きなことといえば，最初の結婚をしたこととパソコンと出会ったことだ。この本で結婚のことを書くには理由がある。それは，結納として先方の親から何がよいかを聞かれた時に，当時ちょっと話題になっていたHPのmini 25というプログラム電卓を所望したからだ。当然，先方の親は驚いたようだったが，無事，僕はmini 25を手にすることができた。ある意味で，これが僕のその後の研究を方向付けたといってもいい。

　mini 25は，逆ポーランド記法を用いていて，4段のスタックと50ステップのプログラムエリアを持っていた。この制限されたなかで色々なプログラムを作るのがゲームを解くことのように楽しく，最初のうちは心理学の実験データの分析などに利用していたのだが，じきにプログラミング自体にのめり込む結果となってしまった。その極めつけは一元配置の分散分析のプログラムを50ステップぎりぎりで作り上げたことだった。

　当時はパソコンとは言わず，マイコンと言っていたが，初期のワンボードマイコンがでてきたのもその時期だった。そのチップを使ってデジタル時計を作ったりして喜んでいた時代である。しばらくしてキーボードやモニタを備えたパソコンの形をしたマイコンが出回るようになった。APPLE IIやPET，そして僕が購入したTandyのTRS-80である。たまたま家の近くにTandyショップがあって頻繁に出入りしていた関係もあり，店の人からプログラムを作ってみませんかと言われて，統計解析のプログラムパッケージを作って販売したりもした。所定のアルゴリズムをプログラム化して解説をつけるだけのことではあったが，数式がプログラムとして動作することが楽しかった。その後，多変量解析のプログラムを作りはじめ，それをペンネームで単行本にしたり，雑誌に連載したりして，もう研究ツールとしてのパソコンではなく，プログラム開発のためのパソコンとなってしまった。

　すると当然考えるのが，こうした動きが将来どのようになるのか，と

いうことだ。心理学のデータ処理などに使うだけでなく，将来は人工知能のようなことができるかもしれない。その将来は無限だ。パソコンは，それほどの可能性を僕に感じさせてくれた。それで指導をしていただいた浅井邦二教授には，僕は心理学という理学をやりたいのではなく，心理学の知識を使った工学，つまり「心工学」をやりたいのです，などと話をしたりもした。これは，結果的に現在やっているHCI (Human Computer Interaction) という方向性に関係しているわけだが，僕の就職にも影響することになった。

ただし，就職する前に，奨学金が終わっていた。つまり非常勤をやって稼がねばならなくなった。この生活がトータルで3年間続いた。非常勤講師を週に五コマくらいやり，ある研究所の非常勤研究員を週に2日間やっていた。大学で教えたり研究所の仕事をしたりするには勉強もしなければならなかったが，その勉強は研究の基礎になると考えてやっていたわけではなく，生活費を稼ぐためにやっていたという傾向が強かった。今から思うとその期間，自分の研究にまっとうに集中していたらと残念である。大学教員となることを目指していたのに，定職はなく，仕方なく時間を浪費していたわけである。年収で200万円ちょっとの収入を得る非常勤職のために貴重な時間を使ってしまっていたわけだ。

4. 日立製作所中央研究所時代

就職の機会は突然やってきた。夏休みに北軽井沢の別荘にでかけ，林の中のブランコに乗っていた時，お世話になっていた相馬一郎教授から電話がかかってきた。日立に入らないか，ということだった。すぐに東京に戻り，教授に会い，日立製作所の面接を受けた。大学教員になる夢は，非常勤生活をしていた5年間で薄くなってしまってはいたが，それでも，いずれはという気持ちは相変わらず残っていた。企業の研究所というものがどういう所か，まったくイメージがなかったけ

れど，好きなことをやっていればよいわけではないだろうくらいのことは考えていた．入社の面接で話したのは，まさに心工学の理念のことだった．それを**リックライダー** (Joseph Licklider 1915-1990) の Man-Computer Symbiosisという論文を使わせてもらって説明した．ただし，それをどう実現するかまでは具体化していなかったし，そうした研究領域としてマンマシンインタフェースという課題領域が既にあることを知ったのも入社してからである．

　入社してから5年間は音声研究のユニット（課）にいた．そこでは中田和男さん（後に東京農工大学）がユニットリーダーをして，市川熹さん（後に千葉大学）などがおられた．といっても音声の研究をするわけではなく，すでに音質評価や画質評価で業績をあげていた中山剛さん（後に富山大学）のお世話になったのである．実に30歳になって，ようやく研究のやり方を手取り足取りして教えてもらうことになった．たとえば，グラフを書くときの約束事，論文としての文章の書き方，研究ノートというものがあること，研究はまず計画を立てそれに沿って行うものであること，等々である．枠にはめられることが嫌いなはずの僕だったが，入社したからにはそこで早く一人前の研究者になりたいという気持ちがあり，いまさら，というような事柄ではあったけど，結構熱心にそうした学習に精を出した．それと，とにかく嬉しかったのは，大型計算機を好きなだけ利用できることだった．大学にいた頃は，因子分析の計算を外部委託するだけで10万円もした時代のことである．最初のうちはパンチカードで，それからTSS端末を使ってプログラミング言語を学習し，色々なプログラムを書きまくった．最も頻繁に使ったのはFortranだったが，これはパソコンで使っていたBasicに近かったのですぐに習得できた．その他，PL/I, APL, ALGOL, LISP, COBOL, Pascalなどなどである．大学の時，フランス語を勉強するために習得したタイピングの技能がここでは大いに役にたった．

　研究テーマとして最初は画質評価の研究の補助を行う形で中山さ

んの指導を受けたが，その評価システムは大方できあがっていたもので，もっと新規な研究，そしてもう少しコンピュータに関連した研究をやりたくなった。その時，日本語ワードプロセッサを日立でも開発するということになり，そのプロジェクトに参加することになった。そこではキーボードのレイアウト設計なども行ったが，中心になったのは日本語入力方式の研究である。当時はまだキーボード入力がいいのか，漢字タブレットがいいのかが議論の的になるような状況だった。大学時代からタイプ入力に慣れていた僕は，当然キーボード入力推進派で，それを立証するためにキーボード入力の習熟性に関する長期実験を行ったりもした。またキーボード入力をベースにした日本語入力方式についても考えた。

当時はまだカナ漢字変換の水準が低く，読みを入力して同じ読みを持つ候補を表示させ，そのなかから適切なものを選択するという表示選択式カナ漢字変換だった。初期のカナ漢字変換は単漢字の入力であり，その後に単語入力が可能になったのだが，入力速度は速いものではなかった。それに対して当時一番高速とされていたのが，所定のカナ二打鍵で一つの漢字を入力するコード方式と言われるものだった。そこで日立版のコード入力をまとめ，さらにカナ漢字変換で表示される候補漢字の横にその漢字のコードを表示するという学習支援機能を付けた方式を考案した。これによって最初の特許を取得することになったのだが，特許特有の日本語になじめず，ノロノロとしていたところ，業を煮やした中山さんが僕の名前で特許を書いてくれてしまった。ありがたいことではあったが，自分最初の特許は自分で書いたものではなかったのである。実にみっともないことだった。ともかく，この日本語入力方式に関係したことで，情報処理学会の日本文入力方式研究会（後に日本語文書処理研究会，そしてヒューマンインタフェース研究会となる）に参加させてもらい，東大の山田尚勇教授にお世話になり，情報処理学会とのつながりができるきっかけとなった。

日本語ワープロの仕事は5年間続いたが，その終盤にさしかかる

頃，人工知能や知識処理が話題になっており，他方，心理学では以前の情報処理的アプローチをベースにした認知心理学が勃興しつつあり，『LISPによる認知心理学』という本が出てきたりもしていた。それで，人工知能ならLISPだ，と短絡的な僕はそれに飛びつき，所内でLISP研究会を開いて輪講会をはじめた。まだ，所内ではLISPの処理系が動いていない時期だった。

すると，社内でも知識処理をやる方針が出たらしく，タイミングよく，それを担当するユニットに転属させられた。そこにはPADや部分計算法で知られた二村良彦さん（後に早稲田大学）やURRの開発者である浜田穂積さん（後に電気通信大学）がおられ，アカデミックな雰囲気に満ちた環境だった。

最初にやった仕事は第五世代コンピュータの研究をしていたICOTの講習会に行き，LISPとPrologのどちらが開発対象としていいのかを調査することだった。しかし，今ではこれは多少個人的なバイアスのかかったものだったと思うのだが，いろいろと理由を挙げてLISPの方がいいという報告を作成した。その報告がどの程度影響力を持っていたのか分からないが，中央研究所でLISPを開発することになった。本来であれば人工知能や知識処理の研究をスタートさせるべきところだが，まだ当時はVOS3という大型計算機のOSで動くLISP処理系がない時代だったのだ。そこで安村通晃さん（後に慶應義塾大学）をリーダーとしてユニットの中にプロジェクトチームが結成された。文学部の心理学出身者が本格的プログラミングをするということで多少の心配はあったが，それ以前にいろいろな言語を使ってきた経験とそれなりの自信から，いささか無鉄砲な仕事に突入した。振り返ってみると，当時は，その先，どのようなキャリアパスを選ぶことになるか，あまり考えてはいなかった。ただ目前の目標が切迫していたこと，そしてソフトウェア開発に本格的に取り組むことが魅力的で，そのためなら残業も休日出勤もあまり気にならなかった。

プロジェクトでは当初，独自の言語仕様を検討しており，それは

とても楽しい仕事ではあった。しかしCommon LISPの仕様が出たタイミングで，HiLISPと名付けられていた我々のLISP処理系はCommonLISPにしようということになり，仕様検討の作業は中断された。

LISPの処理系を作るにあたって，きちんとしたプログラム開発の手順を学ばされたことは後の自分のキャリアにも大いに役にたった。今ならJavaやRubyなどでプログラミングをこなす文系出身者やデザイナーも多くなったので，適性とやる気さえあればプログラミングという仕事は特に出身が問題になるほどのことではないと思えるのだが，当時はひとつの冒険であった。

アセンブリ言語で少しプログラミングもしたが，大半はLISPをつかっており，LISPを使いながらLISPの処理系を書くというおもしろさが僕を惹きつけた。処理系のなかでは入出力部分やパッケージ処理などを担当した。その後，プログラミング支援環境の開発を行うことになり，エディタやデバッガやトレーサなどを開発した。そのエディタは構造画面エディタと呼ぶものだったが，原型は構造エディタだった。そこで面白かったのは，編集対象となる関数自身をマクロを使って編集環境に書き換えてしまって，その内部を編集し，編集が完了するとそこから抜け出すという，仕掛けとしてのおもしろさだった。ともかくLISP開発は，僕の知的興味を満足させてくれた。

しかし，それまでの自分のプログラミングのやり方は，コメント文をドキュメントの代わりにするというようなものだったので，基本設計，外部仕様書の作成，モジュール構成やモジュール定義の書類を作成する，といったウォータフォール型の"正統的"なやり方については改めて学ぶことが必要だった。それはそれで勉強になったが，その反動としてプロトタイピングについての関心も高まった。これは，後のラピッドプロトタイピングやペーパープロトタイピングへの取組みという形で実現することになった。

この時期，"プログラミングの心理学"という，どちらかというとマイ

ナーな研究領域にも関心を持っていた。たとえば配列の添え字は0から始まるのがいいのか1から始まるのがいいのかとか，PADがフローチャートより優れている点は認知心理学的に説明するとどういうことなのか，といった，人間心理の特性をどのようにして言語仕様に組み込むべきなのか，というような話である。

そうこうしているうちに大型計算機の半二重環境（ホストコンピュータとTSS端末との送受信を交互に行う方式）でのLISP処理系は完成した。そして，すぐにやってきたのがワークステーションの全二重環境（送受信が同時に行える方式）でのHiLISPの作り直しという仕事だった。しかしこれは，まったくモチベーションの上がらない仕事だった。動作環境が異なるだけでほとんど同じものを開発する仕事だったし，そもそもワークステーション用のLISP処理系はすでに幾つも存在したからだ。そこには研究的要素はほとんどまったくなく，やるべきことは開発でしかなかった。その開発のなかでは人間とコンピュータの関係について考究を深める余裕もなかった。それで途端に僕はくすぶってしまった。この時期，僕の研究生活では唯一，学会発表や論文などがひとつもない年ができてしまった。このままでは研究者としてやっていけない。何とかしてこの状況から脱出しなければいけない，と考えていた。

5. 日立製作所デザイン研究所時代

そんな折，実に幸運なことに僕に差し伸べられた手があった。1988年のこと，デザイン研究所の池田正彦所長からだった。当時，デザイン研究所ではハードウェアのデザインが大半で，ソフトウェアに関係したデザインは，GUIデザインといってもワープロの起動画面やアイコンのデザイン，つまり画面上でのグラフィックデザインをやる程度だった。そこでACM SIGCHIなどの動向も調査した上で，**インタラクションデザイン**の基礎作りをすることになった。他にも，**ヒューマニティイ**

ンタフェースと自分では呼んでいた，いわゆるユニバーサルデザインに通じる流れを作ることや，ソフトウェア心理学を実践することなども考えられたが，近々のメインストリームになりそうだった**インタラクションデザイン**を開拓のターゲットとした．ともかく，僕を，中央研究所時代の主任研究員という肩書きから，主任デザイナーに変身させるのではなく，デザイン研究所における主任研究員という肩書きを設定してくれた背景には，異分子としての僕の存在による波及効果が企図されていたのだと思う．

ただ，そのスタートでは結構つまずくことが多かった．まずデザイナー集団における言葉の使い方に慣れる必要があった．現在でもその傾向があるが，デザイナーは概念を明確に定義してつかうことより，言葉をぶつけあい，頭のなかで転がしてゆきながら新しい意味を見つけようとする傾向があった．このあたりは集約的思考と発散的思考の違いということになるのだが，彼らの言うことを厳密に理解しようとすればするほどわけがわからなくなることが多かった．これは体験としては非常に貴重なものであり，僕を興奮させるものではあった．しかし，仕事は進めなければならない．幸い，美大や芸大以外の工学部や文学部などを出た若手が徐々に増えてきたので，まずはその中からそれなりの成果を出すように試みることにした．手始めにワープロ用のタイピング教育ソフトのデザインを行った．いまでいうペーパープロトタイピングのアプローチである．

それはそれなりに完成させることができたが，所長の意図とはズレがあったようだった．所長としては，従来のデザインアプローチに欠けていた部分をデザイン研究所全体に補填したいと考えていたようだ．ローカルにインタラクティブソフトウェアを作っても，それはそれ，あの人たちはあの人たち，というように見られてしまっては意味がないわけである．しかし，その点については，僕のマネージメントへの力不足や，そもそものマネージメントへの関心の薄さが，デザイナーたちの保守性と相まって，ほとんど成果を出せずにいた．今になれば，あの

とき，ああしていれば良かったのに，と思うことはあるのだが，斬新な改革を行うことはできなかった。この点は，今でも，僕を招いてくれた池田所長には申しわけなく思っている。ただ，最近の日立製作所の動きを見ていると，池田所長の蒔いた種がようやく実ってきたのかな，とも思われる。

　言葉の使い方の他にもう一つデザイナー特有の文化があった。それは**デザインレビュー**という作業工程である。要するにデザインされたものがどのようによくできていて，どのような点では改善を必要とするかを複数人でレビューする場である。そこで製品を担当したデザイナーは言葉を駆使してデザインの擁護をするわけだが，そもそも製品を見たり手にしたりする消費者に，そのコンセプトが言葉でしか表現できないのであれば意味がないだろう，といったような議論をやっていた。そこに認知工学や人間工学のロジックを導入して，デザインをより工学的ないしは科学的なものにすることが僕に期待されていたのだと思う。

　ついでに言っておくと，デザインした，あるいはしてしまったものを僕に見せて，その良さを僕がエンドースすることを期待するような傾向もあった。デザイナーは独創性があり自身に満ちてデザイン活動を行っているのかと思いきや，案外繊細で，評価や批判を回避したがる傾向や，それを聞こうとしない傾向があった。自分自身をそのデザインに全力で投入しているので，それが評価されたり批判されたりすることは，自分自身の自我を傷つけられることにつながりかねない，ということだった。

　ともかく，僕に対しては，今日的な言い方をすればユーザビリティやUXを重視したデザインをするように舵を切ることが期待されていたのだが，当時のデザイン研究所には評価をする，という言い方に対するアレルギーがあった。つまり商品テストを行う部署はすでにあったのだが，その活動がよいデザインの創出に効果を示していないという認識があり，評価，特に設計と評価を繰り返す反復的設計の効用を受

容する下地ができていなかったのである。

　ただ，彼らの間に使いにくいデザインを良しとする姿勢はなかった。やはり使いやすいに越したことはない，という考え方ではあった。そこで，僕は使いやすそうに見えるデザインと，実際に使いやすいデザインの違いを示そうと考えて，**見かけのユーザビリティ** (apparent usability) の実験的研究を行った。この実験結果は，**使いやすそうに見えるデザイン**は**審美性**との相関が高いが，それと**実質的な使いやすさ**とは別である，というものだった。これをSIGCHIのショートペーパーとして発表したところ，イスラエルの**トラクティンスキー** (Noam Tractinsky 1959?-) が注目して実験的統制をきちんとした再実験を行い，翌年，フルペーパーとして発表してくれた。それが**ノーマン** (Donald Norman 1935-) の目にとまり，彼の *Emotional Design* という書籍に引用され，世界的に追試などが行われる結果となった。ただ，デザイン研究所における効果はどうだったかというと，残念ながらそれほどのものにはならなかった。僕のPR活動の欠如と，デザイナーたちの実験的手法に対する慣れの欠如がその原因だったのだろうと思う。

　この頃から，僕の関心は社内あるいは所内活動より，社外の学会活動に向くようになっていた。この点も所長には申しわけないと思っている点である。ある時，総務課長から「黒須さんはデザイン研究所が苦手ですか」などと聞かれてしまったほどである。

　学会活動としては，計測自動制御学会のヒューマンインタフェース部会 (現在のヒューマンインタフェース学会) の活動や，そこに属していたユーザビリティ評価研究談話会 (その後，名称を変え，最終的には現在の人間中心設計推進機構 (HCD-Net) につながっている) の活動，ISO TC159/SC4/WG6の活動，情報処理学会のヒューマンインタフェース研究会における活動などがあり，研究や学会活動などを行うことが多くなった。またSIGCHIなどの国際会議にでて**マーカス** (Marcus, A. 1943-) などと知り合い，そこから芋づる式に海外の

研究者とのネットワークを構築するようになった。学会での活動と会社での業務を両立させることは難しいとよく言われるが，僕の場合も，業務優先から次第に学会優先に重点がシフトしてきていた。

そうこうしている時，またも外部からのお誘いをいただいた。静岡大学に新しくできる情報学部への転出の話が，初代学部長となった阿部圭一先生からもたらされたのである。若い頃から願望として持っていた大学教員としての活動の可能性に期待して，所長に相談の上，お世話になることにした。

日立製作所には，中央研究所に合計10年，デザイン研究所に七年，つごう17年間在職したことになる。その間に，中央研究所では研究の進め方やまとめ方について学ぶことができたし，LISP研究会だけでなく他の研究所の皆さんとヒューマンインタフェースの研究会を編成したりもした。いろいろな意味で勉強になったし，LISP開発の後半を除いてはとても有意義な時間を過ごすことができた。

同時に気づかされたのだが，技術開発を大優先する姿勢が，とかくユーザや利用場面などのことを考えず，ともかく技術を磨くことに傾注しがちなことが気にはなっていた。あれだけの優秀な人材が懸命に努力しているのだから，技術が進歩するのは当然の結果ではあったが，それをどのような形で利用するのかについての議論がほとんどなされていなかったのだ。

その反対にデザイン研究所ではユーザや利用場面のことが議論されていたが，その解釈がデザイナー固有の主観的な方向に向かっていて，客観性が乏しいのではないかと思われることが多かった。もちろんデザインというのは感性と直感の産物であるという言い方もできるとは思うが，（力不足でその所内への普及にまで行かなかったものの）客観的でロジカルなアプローチが可能だし必要な面もあったと思う。

こうした意味で，日立製作所時代は，僕にとって，研究のあり方を考え，自分のスタンスを徐々に確立する時期だったといえる。したがって，そこで働けたことをとても感謝してはいるのだが，同時に社外に

向かって何かを発信する場合に，必ず日立製作所というパッケージにくるまれてしまうという点にもどかしい気持ちを感じてもいた。もっと自分のやりたい研究をやりたいようにでき，好きなように発表する自由がほしくなっていた。そうした時期での大学からのお声がけであり，幸運な道筋を歩めたと思っている。

6. 静岡大学情報学部時代

　情報学部は新たに設置される学部だったため，学部開設までに転出が決定してから2年間待つこととなった。その間はデザイン研究所の配慮もあって，ほぼ自由な研究生活を送ることができた。そういう立場でデザイナーたちと一緒に過ごすことは楽しい時間だったし，学会活動にも力を入れることができた。

　ところで静岡大学というから静岡市にあるのだろうとばかり思いこんでいたら，情報学部は浜松市にある工学部のキャンパスに設置されるということを知った。東西に長い静岡県で浜松市は西のはずれに位置していて静岡市とは結構な距離がある。静岡市なら東京の自宅から通勤できるだろうと思ったが，通勤するにはちょっと時間が長くかかる。しかし家族が住まう自宅を離れるのが辛かったのと，通産省や業界団体，学会などの会議は東京で開かれることが大半だったことから，結果的には浜松市に借りた官舎はほとんど利用せず，新幹線で自宅から通勤することが多かった。しかし，ほとんどの場合，始発の新幹線に乗り，最終の新幹線で東京に戻るような生活は五十歳前後の僕にとっては体力的にそろそろきつくなっていた。後に書くように，公募で東京圏の職場を探すようになった背景には，産官学の東京への一極集中という日本特有の傾向や，生まれ育った場所である東京という土地への愛着もあったが，最大の理由はそうした身体的要因だった。

　それはともかく，1998年に静岡大学に赴任してみると，企業の研究所とは大きく違う研究環境がそこにあった。まず研究室があり，そ

れに加えて実験室も与えられた。後に実験室の方は学生たちに占拠されてしまうことになったが，ともかく自分で管理できるスペースが数倍以上に大きくなった。人間工学的には一人当りの作業スペースは3.3平方メートルと言われているが，そこには書棚などの共有スペースも含まれており，端的にいって自分の机とその周辺しかスペースはなかった。それに比してスペースは大きくなり，その中の管理も自由である。さらに大学からは研究費が出るし，企業からの奨学寄付金や，公的プロジェクトからの資金も入ってくる。その使途は自由であり，企業の時のようにいちいち稟議を通す必要もない。

　研究は任用された時のテーマである「**ヒューマンインタフェース**」という大枠に収まっていれば何をやろうと自由である。学会発表や論文を書くにも内部審査はないし，予算さえあれば海外出張も自由である。後に知ったことだが，書籍購入に関しては，研究費で購入したものは大学図書館に帰属し，転出する際にはそれを残していかなければいけないところと，教員に帰属し，その処分を自由にでき，自宅に持って帰るのも自由であるところとがあったが，情報学部は後者だった。また機器購入については，業者のところに行って品物を選び，所定の伝票に記入するだけで手にすることができた。このあたり，大学や学部によって運用基準は様々に異なるということは後で知ったのだが，ともかく大きな自由度を得たことは満足できることだった。さらに新設の学部だったために，学年進行に伴って学生が増えてきたものの，初年度は1年生だけで，授業の負担も軽かったしゼミもなかった。

　こうした環境で新たな研究活動を開始したのだが，一点，釘をさされたところがあった。それは，教育が第一であり，学務がそれに続き，研究はその残りでやるという優先順位があったことだ。教育の負担は年度が進むにつれて徐々に増して行き，卒業論文や修士論文の作成となるとかなりのパワーを割くことにはなったが，学務は最初から結構忙しかった。学務のうち，どこまでの範囲を教員が担当し，どこまでを事務方が担当するかという境界に関して，情報学部では結構教員の

担当範囲が広く，たとえばゴミ捨て場に見張りに立って，学生が捨てにくる研究室の廃棄物がきちんと分別されているかをチェックすることとか，学生のロッカーに学生番号のシールを一つひとつ貼ってゆくこと，入学募集のためのパンフレットを高校に送るために封筒に詰める作業，高校に出かけていって静岡大学のPRをすることなども教員がやることになっていた。このあたりについては，旧帝大の某先生から「うちでは研究第一，次が教育で，それから学務ですよ」と言われて驚いたこともあった。

企業からの受託研究や**奨学寄付金**（委任経理金）をもらっての研究支援などの活動は研究に属するが，地元の浜松は工業都市としての側面もあったおかげで色々な企業から多様なテーマで研究依頼があった。日立製作所の時代にも，特にデザイン研究所では関連する多様な部署から依頼研究をいただいてはいたが，静岡大学でのバリエーションの多さはそのときを上回るものだった。この時の経験は，僕にとって**ヒューマンインタフェース**という領域の裾野の広さを認識することに役立ったし，人間工学や認知工学，感性工学などの境界領域の知識を駆使して問題に取り組む複合的アプローチを身につけることにも役立った。

大きな自由を得て羽ばたくことの心地よさを与えてくれた情報学部ではあったが，前述した理由から，東京圏に職場を求めることを考え始めるようになった。そして生まれて初めて公募に応募してみた。なかなかヒューマンインタフェースそのものという募集はなかったので，経営学部のように関係はするけれどそのものずばりとはいえないところまで数件の申請をしたがいずれも駄目だった。まあ当然の結果だとは思う。そうした時，当時は文部省の大学共同利用機関であるメディア教育開発センターからヒューマンインタフェースでの公募がでた。これだ，と思ってすぐに応募し，幸いにも採用されることとなった。そして2001年，メディア教育開発センターに異動することになった。

静岡大学時代に特筆すべきこととしては，人間中心設計の基本規

格であるISO13407が1999年に発効し,翌年,委員長としてそのJIS化の作業を行ったこと,そして1999年にそれまでの**ユーザビリティ関係**の知見をまとめて『ユーザ工学入門』という書籍を刊行したことがある。いいかえれば静岡大学時代にヒューマンインタフェースという領域のなかにおける僕のユーザビリティへの取組みの基盤ができ,それが現在の**UX**(ユーザエクスペリエンス)などの取組みにつながったわけである。

7. メディア教育開発センター時代

　東京圏といっても,メディア教育開発センターは千葉市の幕張にあった。東京駅から電車だとおよそ30分の距離である。しかし東京の自宅から通勤できる距離だし,拠点が都内の自宅になったため,学会活動などへの参加がとても容易になった。

　大学共同利用機関には文部省系の沢山の研究所が所属しており,施設利用などの形で大学での活動に支援を行うものだったが,メディア教育開発センターは大学共同利用機関の中でもマイナーな研究所だった。そこに異動してからしばらくはパラダイスともいえるような研究環境だった。要するに教育の負担がなくなり,学務の負担も事務方による補佐の範囲が大きいおかげで大幅に減少した。つまり,ほとんどの時間を好きな研究に充てられるわけだった。

　また大学共同利用機関で構成している総合研究大学院大学という大学院大学があって,多くの教員はそこの教員も兼任していた。あまり深く考えることなく,その兼任も引き受けることにした。それ以後の悲喜こもごもの顛末は次の節に書くことにする。

　メディア教育開発センターの時代,研究予算はとても潤沢だった。まず,文科省の科学技術振興調整費で日立製作所のシステム開発研究所の舩橋誠壽氏(後に北陸先端科学技術大学院大学)がリーダーを務められた「横断的科学によるユビキタス情報社会の研究」,通称

「**やおよろず（8M）プロジェクト**」（2002年度から2004年度）に参加することになった。これは，ユビキタス社会を見据えた文理融合的プロジェクトであり，以前から巷間で話題になっていた文理融合的アプローチを実際にやってみようとする斬新なものだった。UDITの関根千佳さん（後に同志社大学）や日立製作所デザイン研究所の若手の皆さんと「ライフスタイルデザイン」という文系グループを作って調査や開発提案などを行った。このプロジェクトでは文理融合を実践していくことの難しさを学んだ。

大きな基本シナリオとしては，人間サイドから技術サイドの開発目標を設定し，また技術サイドで開発されたものを人間サイドで評価確認するという形での絡み合いが想定されていた。しかし，人間サイドでの調査研究が完了し目標を提示する前に，それを待っていられない技術サイドは従来の流れを推進する形で研究開発を進めていた。そのため，人間サイドでは，独自に今のSNSに似た着想でGPS機能を使った携帯アプリを試作し，観光地での観光客同士の情報交換などを想定した実証実験を行う結果となった。この経験から，文理融合型のプロジェクトは，まず文系が問題分析と目標設定を行い，それから理系が解決策の開発を行うというシリアルな結合が必要なのだということを学んだ。

またそれと相前後して，「**札幌ITカロッツェリア**」（2004年度から2006年度）という名称で文科省の地域イノベーションクラスタープログラムが北海道で実施されることになった時に，ユーザビリティ分野の専門家ということで参加させていただき，小樽商科大学の平澤尚毅さんたちと一緒に研究を行った。そこではマイクロシナリオという手法を提案し，データ分析システムとデータベース構築プログラムに関する特許も取得した。その発想には，現在，ビッグデータとしてGoogleなどがデータの収集と分析をやっているのと似たようなところがあるのだが，自動収集ではない点にむしろその長所があったと思う。反対にキーワード検索という利用形態しか思いつかなかったという短所も

あり，自分の概念化の不十分さが悔やまれる．ただし，現在それに改めて取り組めば，アメリカ発の研究とは違った成果が得られるのではないかと，今でも思ってはいる．

　ともかく，そのようなわけで多いときには合計すると年間1,000万円近い予算があったことも関係して，大学の人たちが応募する日本学術振興会の科学研究費助成事業（いわゆる科研）にはしばらくの間，まったく応募することがなかった．書類作成の労に比して金額が少ないからという，聞き捨てならない理由からであった．科研について，それが金額の問題というよりは業績の問題として重要なのである，ということを知ったのはしばらくたってからのことである．

　メディア教育開発センターでは自由な研究環境で好きなように羽ばたいていたのだが，世間はそう甘くない．大学もそうだったが国立の研究も法人化の波にさらされることになった．2004年にメディア教育開発センターは独立行政法人となった．しかしその後，独立行政法人に対しては事業仕分けが行われることになった．弱小の大学共同利用機関だからお目こぼしになるかとも思っていたが，総務省の立場からすれば，幾つかの"不必要な"独立行政法人を廃止することは世間に実績を示すには好都合だったのだろう．メディア教育開発センターに白羽の矢が立ってしまったのだ．

　それからは理事長補佐として組織存続のための活動にも力を注がなければならなくなったが，国の決定を覆すのは無理に近いことではないか，とも思っていた．そして関係者の努力もむなしく，2009年には廃止となり，メディア教育開発センターは，もともと密接な関係にあり敷地も共有していた放送大学に吸収されることになった．

　なお，このメディア教育開発センターの時代に，志を同じくする人たちとNPO法人として**人間中心設計推進機構**（HCD-Net）を立ち上げた．2005年のことである．これは1995年に計測自動制御学会のヒューマンインタフェース部会のなかにできたユーザビリティ評価研究談話会というものが母体となっており，その後，ヒューマンインタ

フェース学会のユーザビリティ専門研究会を経て，NPOとして独立したという経緯がある。HCD-Netになってからは研究組織というよりは実践団体という性格が強くなってきているが，こうした活動をするにあたって同志や仲間の存在というものが如何に大きいかを実感した。現在，HCD-Netでは認定人間中心設計専門家などの認定活動を行っているが，こうした形で研究成果を社会に還元することの意義を実感できるのも，研究という活動が社会的活動という側面を持っていることの証といえるだろう。

　個人的には1999年に『ユーザ工学入門』という書籍を出して，分かりにくいとか使いにくいといったユーザの側の問題を無くすことに注力すべきだと考えていた。しかしHCD-Netでは，そうした個人的な目標を実現する場としてではなく，より一般に受け入れられやすいISOの規格（ISO13407）の考え方を実現することを目標とした。振り返ってみると，僕という人間は，デザイン研究所の時もそうだったが，組織的活動を自分の考える方向に引っ張っていこうとするよりは，それはそれ，自分の考えは自分のこととして区別するような傾向があった。企業メンバーの多かったHCD-Netは，ユーザの権利としてのユーザビリティを重視するというよりは，ユーザビリティを高めて売上につなげたいという意向の方が強かった。それは企業人としては自然なことであり，現在でもUX（ユーザ経験）といった概念のもと，どちらかというとマーケティング活動に近いスタンスで活動しており，僕自身の内的な志向性とは違った方向に動いている。HCD-Netを立ち上げてから，機構長とか理事長という立場にいたものの，十年一区切りという観点から2015年に理事長を退任することに決めた背景には，そうしたズレの存在と，もう少し自分で自分自身のスタンスの確立に注力したいという気持ちがあった。

8. 総合研究大学院大学時代

　前述した経緯から，この総合研究大学院大学の時期は，メディア教育開発センターの時代，それからその業務を継承した放送大学の時代に並列している。この**総合研究大学院大学**（略して**総研大**）は，国立大学としては知名度があまり高くないが，博士号取得者を輩出することを目標とした博士課程後期だけで構成された大学院大学である。多数の大学共同利用機関が基盤機関として参加していたので，それぞれが専攻を作り，複数の専攻が研究科を構成して大学本部に属する，という構造になっていた。ただ，文系の機関は少なかったので，国立民族学博物館，国立歴史民俗博物館，国際日本文化研究センター，国文学研究資料館，それとメディア教育開発センターが集まって単独の文系研究科である文化科学研究科を構成していた。その中でメディア教育開発センターはメディア社会文化専攻を担当していた。

　一般に，大学院，特に後期課程になると，学部や修士のうちから学生を確保しておいて，その中から博士号取得者を輩出するという流れができているので，博士後期課程になってから出身大学を離れ，別の大学院大学に入ってくる学生はさほど多くない。それで，しばらくたってから理系の研究科では前期課程も設置し，学卒の段階で学生を確保しようという戦略をとるようになったが，それでもなかなか学生の確保は大変であった。ただ，いったん社会にでて働いている人々には，学位を取ることができるよいチャンスと思えたのだろう。学生の年齢構成は，30代前後からのいわゆる働き盛りの社会人が中心になっていた。

　ここで僕は，メディア社会文化専攻の専攻長を四年間，研究科長を2年間，学長特別補佐を1年間担当した。日立製作所のデザイン研究所時代でマネージメントジョブは苦手だったと書いたが，大学での役職者の仕事は企業における役職者のそれとは大きく異なっていて，事

務方のサポートも十分であり，僕にも対応は可能だった。特に研究科長を担当していた2年間は，研究科の専攻間交流会のようなイベントに積極的に参加し，他専攻の学生諸君と密な話し合いができたが，それは今でもよい思い出になっている。また文化科学研究科の科長として他の理工系の研究科の教員とも関係ができ，学問の多様性について学ぶよい機会になっていた。

　ただ学位授与については不満がなかったわけではない。メディア社会文化専攻は，もともと情報科学から教育工学まで非常に幅の広い専門領域をカバーする専攻だったため，教員の専門領域にはお互いに相当大きな距離があり，そこでの論文審査には専攻全体としての専門性の分散という点で若干の課題があった。もちろんいつもではないが，まれに修士論文にしか思えないようなレベルの論文が博士論文として承認されてしまうこともないとはいえなかった。それで博士の学位にも秀優良可といったグレードをつけるべきではないかなどと考えたりもした。ただし，これは総研大やメディア社会文化専攻に限った話ではなく，旧帝大を含む他大学の学位審査に出たときにも感じたことではある。

　そして事件の勃発である。何かというと，総研大の資金援助を得て開発した「留学生のための日本語教育プログラム」に著作権侵害が発生してしまったのだ。もともとの意図は，海外からの留学生が多く，日本語の読解や作文に苦労している学生がいたことから，彼らを支援するために書き言葉としての日本語を学ぶためのウェブサイトを構築したいと考えたことにある。自分は日本語教育の専門家ではないから，学外の日本語教師の人たちに原稿執筆を外注依頼した。ただ，きちんとした契約書を交わしておかなかったのは決定的なミスだった。発生した問題というのは，後になってわかったことなのだが，業務委託をした日本語教師の中の1人が引用ということについてきわめて初歩的な誤解をしており，既刊の書籍からほとんどそのままの形で自分の原稿に，引用符もつけず，引用箇所に出典も明記せず，そのまま書き込

んでいたのだ．それについて外部の方から指摘を受け，調べてみたところ，沢山の無断引用，というか盗用の行われていたことがわかった．そこで大学幹部の指示のもと調査を行って報告をした．ところが当時の大学幹部は，そうした事件が起きたことや僕の後処理のやり方についての不満があったようで，僕に兼担を辞するように圧力をかけてきた．僕の立場からすれば"とばっちり"的な事件ではあったが，まあこれも一つの経験かと思い，人生ではじめて辞表なるものを作成した．ともかく，外部への丸投げ発注というのはこうした危険を伴うものなのだ，と肝に銘じることになった．

ただ，総研大からは各種の助成金をいただき，それが人工物進化学（元は人工物発達学と呼んでいた）という新たな研究領域の展開にとって，重要な役割を果たしてくれた．その点では強く感謝している．

9. 放送大学時代

メディア教育開発センターは廃絶となり，教員も建物も設備もすべてが同じ敷地にある放送大学に併合された．放送大学は国によって作られた私学，という特殊な位置づけにある．したがって僕は日立製作所の厚生年金と企業年金基金，静岡大学とメディア教育開発センターの国家公務員共済，それに放送大学の私学共済というバラエティに富んだ年金生活を送ることになった．

それはともかく，放送大学での教育は，テレビ，ラジオ，インターネットというメディアを利用した教育と，面接授業と呼ぶ対面教育とから構成されており，僕もテレビ用に「情報機器利用者の調査法（現在はユーザ調査法と改称）」と「コンピュータと人間の接点」という放送科目を作成し，また現在は「感性工学入門」というオンライン科目を準備中である．科目を作成するときには，シラバスを作り，それにしたがって印刷教材というテキストを作成し，さらに放送番組の収録用にパワーポイントを作成し，収録時にプロンプタで利用するための台本

を作成する必要があった。そして印刷教材は書籍として販売され，放送教材は放送番組としてスタジオで収録される。さらに近年は聴覚不自由者のために字幕をつけるようになり，その原稿の校正などもある。そしてもちろん試験問題も作成しなければならない。このように科目作成時にはかなりの負荷が発生するが，いったん作成されてしまうと5年前後は同じものが放送されるため，教育に関する負荷は均してしまえば一般の大学の場合よりは多少軽いといえるかもしれない。

　面接授業は，各都道府県に設置されている学習センターというところに赴いて，30人前後の学生の皆さんに2日間で八コマ分の講義を行う。ここで驚いたことは学生の皆さんの熱意の強さだ。一般の大学と同じ程度の年齢層の学生は少なく，40代前後にピークがあり，高齢者の学生さんも少なくない。そうした人たちが熱心に授業を聴講してくれる。僕は本務の他に，非常勤で10以上の大学で教えてきたが，ともかく過去のどの大学におけるよりも学生さんの授業態度がよい。食い入るように僕の話を聴いてくれる。これには本当に驚かされたし，教師としてはとても嬉しいことだった。

　研究環境としては，大学からの研究費は多くなく，文科省の科学研究助成金（いわゆる科研費）などの外部資金をとらないと研究の遂行が苦しくなるが，それでも大学としての研究に対する自由度はきちんと確保されている。そのおかげで放送大学に勤務するようになってから，書籍の出版点数は増え，毎年1冊は洋書も出せるようになった。

　こうして現在に至るわけだ。定年が68歳なのでもう少々放送大学にお世話になる。その間，新しい試みであるオンライン授業とか，特別講義といった枠にも挑戦してみている。基本的に社会人大学である放送大学に勤務するようになったきっかけはメディア教育開発センターの廃絶ではあったが，こうした運命の流れというものも時には大きなプラスの方向に舵取りをするものなのだ。改めてそう感じている。

10. 定年後の研究生活の予測

　さて，68歳になる2017年の3月末日で**定年**を迎えてからどのような生活になるのか，まだよく分かっていない。放送大学の客員教授として設置科目が終了するまでは仕事があるだろうし，70歳くらいまで非常勤も続けることになっている。

　もともと実験系の研究をしていなかったので，研究を続けるにあたって機材は必要ない。フィールド調査をするとなれば旅費や滞在費などは必要になるが，多くの作業は自宅の研究室で行うことになるだろう。問題は自宅の研究室の狭さである。すでに定年を見越して多くの書籍，そのほとんどは自費で購入したものなのだが，それらは自宅に持ち運んである。しかしスペースの不足から，本棚には2列積み，床からは横積みしてある書籍類は検索という点で最悪である。僕は原稿を書くときには**原典主義**なので，ともかく原典（それもできれば原語の）資料を必要に応じて引っ張り出す必要があるのだが，それがうまくできない。自宅に三階部分を増設しようと思ったら建設会社に骨組み強度から二階が限度だと言われたし，今から地下室を作るわけにはいかない。三浦しをんの『船を編む』の主人公のようにボロ屋でもいいから一階部分をすべて本棚にできればいいなあ，などと嘆息している。

　ところで，僕を研究の道に駆り立てた死への恐怖はどうなったか，ということに触れておかねばならないだろう。実は，およそ20代後半あたりから，死は切実な問題ではなくなってきた。自意識の強さに悩まされることが減ってきたこと，現実への関与の繁忙さが死への恐怖を忘れさせていたこともある。統計的にいえばまだ切実な問題ではなかろうという楽観主義が潜在していたともいえる。あえてラディカルな問題を避けようという現実適応主義，そして快楽中心主義が肥大化してきたためともいえる。研究は研究で楽しくやっていく，しかしそれは

死を見つめ尽くすこととは別のこと。そうしたスタンスがあった。

　それと同時にいろいろと雑多な知識が入ってきた。宇宙的なスケールでの時間の話は，自分では経験的に実証できないものの，まあ確からしいという気持ちがしていた。もとより宗教は人間が作り出した人工物で，神様も天国も地獄もありはしないのだという信念も学生の頃に確立していた。とかく宗教では天国は空のかなた，地獄は地の底に位置せられているが，我々は宇宙からの地球の姿も見てしまったし，地球の内部についてもいろいろと情報を得ている。昇天とか地獄という概念は，人類の視野がまだ限定され，上に置かれたものがより神聖で偉くて，地面の下は死体を埋める場所だという考えが延長されていた時代の産物だろう。もちろん，宇宙からの地球もマントルの内部も知っているつもりになっているだけで，自分の目で確かめたわけではない。しかし神という概念を含めて宗教が人工物であることは間違いない。宇宙人の話も霊魂の話も幽霊の話も，超現実的な話も基本的には人間の想像力の作り出したコト，つまり人工物の一種であると考えるようになった。

　ただし超現実的な体験は存在する。人間は精神を病まなくても入眠時幻覚などを見ることはあるからだ。だから僕は幽霊体験や金縛りについてはいまだに存在すると思うし，怖くて不愉快なものと感じている。

　さて，するとどうなるか。死は一巻の終わりだ，ということである。永遠の命などというものはない。父祖の魂が自分を見守ってくれているという気持ちがしなくはないが，それも想像力の所産でしかない。ただ，そういう気持ちを持つことが悪いことではない，とは思っている。それと，実に幸いなことに，いわゆる高齢者になるまで生きることもできたし人間として経験しておきたかったことはおおかた実現してしまった。

　子供の趣味としての切手収集やサボテン収集に始まり，大学入学まで未知の領域だった女性とのおつきあい，骨董集めや仮面の収集，

遺跡探訪，47都道府県の制覇，離島巡りも色々とやってきた。既に150回を超した海外出張にでれば"現地視察"と称して，現地をふらついたりもしたし，学会や会議が開催されないような土地，たとえばシリアやヨルダン，エジプト，パキスタン，ウズベキスタン，ウイグル，チベット，マヤ遺跡等々は観光で訪れた。また表の世界と少しだけの裏の世界も自分に関心のある範囲で経験してきた。映画（金もないのに買いまくって見た部屋いっぱいのDVDとBD）も音楽（同じく買いまくったCD）も美術（美術書だけでは飽き足りなくて大好きなベルメールなどについては版画やデッサンも購入した）も文学（ヘンリーミラーやデュラスについては原書にも挑戦したが敗退した）もドライブもスキーも釣りも登山も馬術もダイビングもパラグライダーもやった。さらにはキーボードを何台かとギターを数本とドラムのフルセット，民族楽器，アルトサックス，エフェクターやMIDI機器なども集めてミニスタジオを作った。下手の横好きというやつでどんどんと手をだした。まあいずれの楽器もモノにはならなかったが，ともかく興味・関心のあることを幅広く経験することによって，自分にとって知ったり経験したりすることが必要と思われるものについては一通り経験した。そして必要と思われる程度に，いや時には必要以上に深入りもした。その間，重い病や死への恐怖に邪魔されることはなかった。これは実に幸いだったし，現在はそれなりに満足できる状態であるというべきだろう。

　健康にそこそこ恵まれていたという意味では，最近，認知科学の分野で，往住彰文さん，上野直樹さん，三宅なほみさん，と相次いで盛りの時期の研究者を亡くしたことは残念だし，彼らの悔いの気持ちが感じられるような気がする。

　さてそうした僕にとって死はいつかはやってくるお仕舞いの時，ということである。もちろんまだ死にたくはない。まだ楽しみたいことはあるからだ。しかし，ここ数年のことなのだが，その時に思うであろうことは恐怖ではないだろうと予想している。ああ，まだもうちょっとやりたいことがあるのに残念だな，という気持ちだろうと考えている。

まあ最近では結構ありふれた経緯によって，しかしながらもう10年も会うことができずにいる子ども達への気持ちのように，幾つかの心残りはある。しかし死への恐怖から生への関心にという転換はたしかに大きなものだった。そして死への恐怖はすでに研究へのモチベーションの原点ではなくなっている。研究者の端くれとしての僕の生き方とモチベーションは，新たなアイデアを生み出すことによって，従来の考え方を批判し，それを乗り越えるという知的好奇心を中心にしたものになっている。もちろん新規なことがよいとは限らない。原典主義の僕は可能なかぎり原典にまで遡っているし，温故知新という言葉の含蓄を味わってもいる。だが，いずれにせよこうした生活が楽しくないわけがあろうか。現在はそうした生活状況にあるし，それは収入がガクンと減るであろう定年後もそう大きく変わらないだろう，と思っている。さらに，そうした情緒的安定のベースとして，賢くてしっかりした性格のパートナーがいることも心強い。ここにこっそりと謝辞を書き込んでおきたい。

　ともかく，研究をやめるつもりはないし隠遁してしまうつもりもない。定年を迎えたからといって散歩や陶芸などの趣味に走ったり，ちょい家庭菜園をやってみたり，縁側に日がな1日座りこんで庭に来る小鳥を眺めているような単なる好々爺になるつもりもない。そもそも我が家には縁側が無い。いや，自由な時間が増える分だけ，余計に研究に没頭しようと思っている。ネットの普及した現代の社会はそうした生き方を容易にしてくれている。どうなるかは分からないが，何とかなるでしょう，などと構えている昨今である。

　「勇気と言えば，ねえ，君，ぼくはまったく別なことをする勇気はまだあるよ」とは，**ヘッセ**（Hesse, H. 1877-1962）が僕と同じ年齢で出版した『ガラス玉演戯』のなかで主人公のクネヒトに言わせている言葉だ（高橋健二訳）。今の僕もそんな気持ちでいる。ただ皮肉なことに，クネヒトはその別なことをやり始めた途端，疲労のため冷たい湖で溺死してしまったのだが。

11. 研究環境の整備

　研究者にとってはその研究環境も重要である。僕のように実験や試作をしない研究者にとって実験室は基本的に必要ない。大学の実験室は資料置き場となっている。そんな僕にとって大きな課題は二つある。一つは自宅における資料の管理，もう一つは作業環境である。これは定年後を考慮した個人的研究環境の整備に関する話である。

　資料の整理，これはどちらかというと文系研究者の場合に近いと思うのだが，とにかく本や文献の扱いが問題である。もちろん調査も，そしてたまには実験もやるので，そうした紙データもあるが，多くはパソコンに入力して電子化してしまえば，あとはただの紙ゴミであり，シュレッダーにかけて廃棄してしまう。文献のうち，過去の学会論文誌やプロシーディングスなどは，事務補佐の方にお願いしてバラバラにしてPDFにしてもらってから廃棄している。ただし，自分が発表したものについては付箋紙をつけて保管している。

　文献で問題になるのは個別の資料である。雑誌からベリベリと破ったものもあるが，多くはネット検索をしてPDFを見つけたものである。それらは電子形でPDFのままハードディスクに保管しているが，画面では読みにくいから読むときには印刷する。そして読み終わってしまった紙の資料たちが問題なのである。論文や書籍を執筆している時にはそれを参照するから手近なところに置いておく。しかし執筆が終わっても，いつまた何時必要になるからと思って廃棄はせず，横積みにして保管している。ちゃんとファイリングしてもいいのだが，いや多分その方がいいのだろうが，後述するようにそのファイルを収納するスペースがない。それがもう2, 3メートルの厚さ，というより高さというべきか，になっている。検索性もなにもあったものではない。さらに改めて読みたいときには2, 3メートルの山から探すより印刷しちゃった方が簡単なのでまた改めてPDFから印刷している。二重印刷である。それ

は廃棄してもいいのだが,書き込みなんかがあると捨てるのを躊躇してしまう。

　それと書籍である。2014年の春,旧居から現在の家に引っ越したが,現在の家にも既に相当の書籍があった。なかにはコミックの類もあったのだが,それは泣く泣く大半を処分した。もちろん高野文子や魚喃キリコ,岡崎京子,安彦麻理絵,唐沢なをきなどの作品は残してある。もうひとつ,定年が近いので大学の研究室からも多くの書籍を自宅に退避させた。それらの合計は段ボール百箱分以上になってしまって,当然,既設の本棚には入りきらない。二列積みにして隙間にも詰め込んで,床置きまでして,それでもまだ20箱が段ボールのまま物置においてある。しかも旧居からの引っ越しの際,箱詰めを業者の人に任せてしまったので,折角の分類がめちゃくちゃになっていて,もう検索どころでは無い状態になっている。それから1年以上が経つが未だにどうしようもない。そのことを考えると絶望という二文字しか浮かんでこない。さらに68歳の春に定年したら,まだ大学に残してある本が段ボール10箱分はある。いったいどうなるんだろう,どうしたらいいんだろうという状態である。

　書籍というのは不思議なもので,突然,読みたくなったり調べたくなったりする。そのときは,ちゃんと分類してあってすぐに見つけることができないと研究効率が大変に悪くなる。だから,どこかにあることを知りつつもamazonでまた同じ本をワンクリックをしてしまうことすらある。研究者としては本当に悩ましいことだ。

　もうひとつの**作業環境**とは,基本的にはパソコン環境のことである。悪筆の僕は,手書きで原稿を書くことは日立製作所時代から嫌いだった。それで自社のワープロが製品化された時にはすぐに自宅用にも購入した。最初のうちは,タイプしたものが綺麗な文字になってくれることだけで素朴に嬉しかったが,そのうちパソコンに移行し,そのアプリケーションの世界が広がるにつれてシングルモニタでは我慢できなくなった。2000年あたりだったと思うが,パソコンをツインモ

図1　僕のパソコンモニタ環境

ニタ環境にした。これで相当よくなった。あれをやり，これをやり，またあれに戻り，ということがウィンドウ切り替えでなく，画面間の移動で済むからだ。その後，メーラ専用の小さい画面を追加して3モニタにした時代があったが，それからまもなく現在と同じ4モニタ環境に移行した。

　この4モニタ環境は今のところ最良であると思っている。現在は27インチワイドのスクリーン（2560×1440ピクセル）を4台，図1のように組み合わせている。ワイドスクリーンだからこれ以上横に追加すると首の動きが多くなるし，縦に追加しても同様であり，このあたりが限界かなと思っている。

　基本的に，一つの画面はブラウザ（Google Chrome）にし，もう一つの画面の半分はメーラ（Thunderbird）にしている。またエクスプローラは複数開いていることが多い。基本，右下は作業用のスクリーンである。この環境は既に作成してあるPPTのなかのスライドを転用して新しいPPTを作成するような時にも便利だし，ネットで調べた結

果をもとにPPTやWordに書き込みをするときにも便利だ。

　写真は放送大学の学生と遠隔ゼミをやっている時の画面構成である。ゼミ生には中部地方や四国，中国地方の学生もいるので，毎回を東京で開催するわけにはいかない。それで遠隔ゼミをすることにした。基本は音声スカイプで会話を行うが，学生には左上の画面のように毎回コメントや指示を出し，学生はそれに対応する課題をGoogleドライブにアップする。写真では左下の画面である。それぞれの学生とのやりとりは，その学生の作成した資料を右下の画面で開きながら音声スカイプで実施する，というわけだ。今のところ，この環境に勝るものはない，と考えている。もちろん新入生歓迎のゼミや卒業生の追い出しのゼミは対面で実施している。

　そのためパソコンの性能は，コストも考慮しながらもその範囲で最高スペックのものにしている。自宅の機材は基本私費で購入しているから，結構懐には痛い。その他，半ば趣味で映画研究もしているので，リッピングしたDVDやBDのデータはトータルで50TBくらいのハードディスクに保管してある。当然，プリンタやスキャナ，ドキュメントスキャナやマイク，スピーカなどの周辺機器もパソコンにつながっている。そのため机の下は多数のケーブルが這い回っており，どのケーブルが何と何をつないでいるかは手探りでケーブルを辿ってゆかないと分からないくらいである。なお，パソコンの買い換えを考慮して，My Documentsは外付けの6TBのハードディスクにしている。もちろんバックアップは取ってある。

　要するに，もう少しだけ広い家に住むことができれば，僕の研究環境は最適なものになるのになあ，というところだ。もっとも，この部屋には宇和島の骨董屋で購入した仁王像が一対とか，人形や仮面の類が壁一面に飾ってあるので，無粋な人からすれば，ほれ見ろ，無駄なスペースを使っているじゃないか，それを早く捨てればいいのに，ということになる。しかし，**鴨長明**（1155-1216）のように「その家のありさまよのつねにも似ず，廣さはわづかに方丈，高さは七尺が内なり」とは

行かないところが世の常以上に欲深い僕の生活なのだ。「閑居の氣味もまたかくの如し。住まずしてたれかさとらむ」ということなのだろうなあとは思う。ミニマルな生活に漠たる憧れはあるものの，所詮，夢のまた夢である。

第2部

研究者のあり方

第1部では，僕のスタンスを明らかにする目的で，自分史のようなことを書いてきたが，折々，研究に対する考え方や研究者のあり方に関することも書いてきたつもりだ。この第2部では，研究者のあり方というものについてテーマ別に話題を展開してみたいと思う。なお，研究者の生き方，つまり研究者として生きる上での諸々のことについては第3部で扱うことにする。

1. 研究倫理ということ

　日本でも 2014 年に **STAP 細胞事件**があり, **研究倫理**のあり方に対する社会的関心が惹起されたが, 世界的に有名なものとしては 2002 年にドイツで発覚した物理学者シェーン（Schön, J.H.）によるデータねつ造事件, いわゆる**シェーン事件**というものがある。もちろん, それ以外にも相当な数の事件があったに違いない。

　偽りのデータを発表したり, 他人の成果を横取りしたりすることがよくないことは誰でも分かっているはず——とは思っていたが, STAP 事件での当事者の発言を読んだり, あるいは僕が体験した総研大での知的所有権侵害事件などから考えると, 世の中にはそのあたりの感度の鈍い人が予想以上にいるらしいということになる。そのこと自体が驚きである。悪いと知りながらねつ造をするのは最悪だが, 悪いこととは思わずに剽窃をしてしまうのも同罪である。

　実は, 僕は**アイデア横取り**の被害者になったこともある。デザイン研究所に勤務していた頃, ある社内プロジェクトに参加していて, ちょっと面白いことを思いついたので同僚に話してみた。彼らは,「それはいい, すぐ特許を取ろう」と言った。しかし特許を書くのが苦手な僕は, なかなか特許を執筆することのないまま, そのアイデアをある著名な大学教授の主催する研究会で発表してしまった。その教授にアイデアの秀逸さを褒められて嬉しくなっていた愚かな自分である。しばらくたってからその教授の所の大学院生がそのアイデアを実装したシステムを作り, 新聞記事にまでなってしまった。こうなってしまうと, もう公表したもの勝ちである。まあ, 同時期に別々のところで同じような発明がなされるということは歴史のなかでは偶にあることだが, この時のことについては, とても怪しいと今でも思っている。ま, 教訓としては, 特許は早めに書きましょう, ということになる。特許という社会システムがある以上, それを活用しないのは怠慢でしかない。自

戒をこめてそう思う。

　ともかく、こうした「**盗作**」や「**ねつ造**」などには、成果主義の弊害とか、研究者の自己顕示欲の現れという面もあるだろう。特に若い研究者は、自分を世間（学界）に認めさせたいという気持ちが強い。そしてできるだけ競争的資金を獲得し、大学のなかでは上位職をめざし、また水準の高い大学への転身を図る。さらに一般世間に対しても名前が売れ、著名人の仲間入りをすることを画策する。そうした社会的動機が結果的に学問の水準を高めるなら、それほど非難すべきことではないともいえる。ただ、そうした若手研究者の成果を上長が横取りするといった**アカデミックハラスメント**もありうるし、仲間内でアイデアを剽窃するといったこともありうる。純粋な学問的動機がそれほどの力を持っていないということは残念ではある。

　要するに研究者の世界といっても、それほどピュアなものではなく、真理追究という美しい言葉で語られうるようなものとは限らない。少なくともそうしたことはどちらかというと少ない方であるらしいという事実は残念なことに思う。そういう純粋な動機をもっていない人間は**アカデミア**の世界に入ってきてほしくない、という気持ちもあるが、アカデミアが聖人君子の世界であると誰かが保証したわけでもないし、むしろ俗物の集合体であると理解しておいた方が自分を守るためにはいいのだろう、とすら思う。

2. 研究へのモチベーション

　そもそも研究者といわれる人たちがどのような**モチベーション**（動機付け）からアカデミアの世界に入ってくるのか、実のところ、僕にはよく分からない。僕自身についてはすでに書いたようなものだったのだが、たぶん百人百様の理由や経緯があるのだろう。自分の周囲の院生などを見ていると、とても熱心に研究をやっていた人がアカデミアから離れていった事例も多い。彼らが熱心にやっていた研究は、彼らに

とってどういうものだったのだろう。家庭の事情があったのかもしれないし，割り切りがよい人間だったということかもしれない。その場その場で最善を尽くすという態度ということだ。もしそうなら，そういった人間はどの方向に進んでも大成してほしいものだと思う。そういう人材をきちんと位置づける社会であってほしいと思う。

　身近で見ていた人たちのケースを取り上げるなら，それらの人たちは実業の世界に入っても，アカデミアでも，どちらでもうまくやっていけそうだった。そのためか，修士を卒業する段階では相当に揺れ動いていた。企業の説明会や面接に何回も出かけていった。そして結局，アカデミアへの道を選んだ人が多かった。こうした多能な人材の場合には，その結果がどうなろうと，それぞれの可能な道のりで適応的に成功者となるのだろう。

　反対に「でもしか」研究者というものも結構いるようには思う。もちろん能力が低ければ研究者にはなれないから，そこそこの研究能力は持っている。しかし消去法的に選択していくと，結局研究者の道しかなさそうだ，ということになるような場合である。研究者になろうという積極的で強い動機づけがなくても，それなりの能力があれば研究者としてやっていくことはできる。しかし，こうした人たちの場合，「これ」をやりたい，という熱いものがないことが多いので，状況に適応しながら研究者っぽい生活を続けてゆく。たまに，研究者としての生活を放棄して，ペンションのオーナーになったりする人もいる。たぶん，その人にとってはペンションの仕事が自分の人生のなかで初めて熱くなれると思えたのだろう。あるいは自分の研究者としての能力に見切りをつけたのかもしれない。いずれの理由であってもそれはそれでいいと思う。研究者としての人生を始めてしまったから，なんとかダラダラと最後までそのままでいこう，という消極的な生き方よりは決断のある人生の方がすばらしいと思う。

3. 時代と場所の制約

　人間は生まれる時代と場所を自分では選べない。実に不便この上ないことだが，こればっかりはどうしようもない。

　時代について言えば，学問はいろいろな時期を経て，その時代ならではの姿をしている。その時代ならではの流行もあれば，その時代ならではの制約条件もある。心理学を例にとれば行動主義の時代などは，時代の空気が制約条件にもなっていた好例である。行動主義者として有名な**ワトソン**（John Watson 1878-1958）の時代に作業記憶の研究を提唱したとして，どれだけの反響をうけることができただろう。反対に強い反発を受けるだけだっただろう。また，たとえば指導教員がバーチャルリアリティの分野で著名な研究者だった場合はどうだろう。まあ現代なら移動の自由があるから，感性工学的なかわいらしさ研究をやりたい研究者であれば，そういう研究をしている教授のいる大学に移ることはできる。あるいは，バーチャルリアリティ研究のなかにかわいらしさ研究を織り交ぜたテーマ設定をすることもできるだろう。しかし，現在ではそうだが，過去のように固定的で流動性の低い社会だった場合には，自分としての研究ができるポジションになるまでは，それを机の下に隠して教授に付き従わねばならなかったことだろう。また超心理学のように，現在，ほとんどの大学で正統な心理学の研究領域とは認められていないようなテーマを研究したい場合も同じようなことになるだろう。しばし待て。いずれ花も咲けば実もなるだろう，というわけだ。しかし研究者として貴重な若い時代を妥協のうちに過ごしてしまうことは何としても勿体ない。ここは多少なりとも自分のエゴを押し通す努力をすべきだろう。

　時代の制約は，社会体制とも関係している。戦時下の日本では研究の自由は相当な制約を受けたという。研究領域によっては，当時の体制に反発すれば獄につながれたり，抹殺されたりしかねない。その

点，現在の日本は一応の自由度を保った社会なので，それほどの制約を課せられる心配はないだろう．ただ，世界にはまだ，そうした面で様々な制約に直面している研究者が多いということにも配慮し，それぞれの立場から自由な研究が行えるための支援をすることが望ましいと思う．国際会議やさまざまのメディアを通した場で，最新の情報を伝えたり，意見交換をしたりするようなことは，その第一歩である．

　場所の制約もある．今の日本は東京への一極集中社会である．実際，僕も東京へ復帰したい気持ちが強く，そのために浜松を離れることになった．ただ，それは一極集中の場への復帰というよりも，生まれたときから慣れ親しんだ場所，家族や親族や友人のいる東京への復帰という意味合いが結構強かったように思っている．たしかに政治も学問も経済も文化も芸術も，そのほとんどが東京に集中しているように思えるが，だからといって東京在住の研究者がそのメリットを100％享受し活用しているかというと，そういうわけでもない．静岡大学時代に親しかった用務員のおばさんは，東京での展覧会にしょっちゅう出かけていたが，今の僕は年に2，3回程度しか展覧会に行けていない．ただ，学会関係の研究会や打合せ，出版の会合，講演などは，たいてい東京で行われているので，東京にいた方が便利なことはたしかである．また交通網も東京を中心にしているので，学会や調査のための移動の利便性が高いこともある．

　しかし地方には地方の良さがある．それはもちろんである．しかも近年はBic Cameraやヨドバシカメラなども主立った都市には店舗があるので，PCなどのICT機器や周辺機器を買うにも困ることはない．さらにインターネットの普及によってバーチャルな情報は瞬時に全国に巡ることになる．その意味で，東京と比較して地方都市の研究生活が格段と低い位置にあるとはいえない．問題になるとすれば会合や打合せなどの対面コミュニケーションの場合のことくらいだろう．あとは都市に漂う空気感といったらいいだろうか，その違いがある．東京はスピードが命の場所だが，地方都市にはそれなりのゆったりした空気が

流れている。それが研究の進展速度にどれほど影響しているかは明らかではなく，まあ好みの問題といってもいいだろう。東京から地方都市に異動することに対しては都落ちなどという失礼な言い方があるが，要は研究者当人の気持ちの持ち方ひとつ，ということではないだろうか。

4. パラダイム

　パラダイムという概念についてはその周辺までを含めると話が込み入ってくるので，ここでは学問の基本的な考え方の枠組み，といった程度に理解しておく。

　そのパラダイムについて心理学に例をとると，典型的なもののひとつに定量的パラダイムと定性的パラダイムの諍いがある。前者の典型は実験心理学のアプローチであり，きちんとした実験計画にもとづいて実験を行い，その結果を定量的に得て統計的手法によって分析を行うものである。後者は発達心理学などの臨床場面で用いられてきたアプローチであり，フィールドワーク，つまり現場における当事者に対するインタビューや観察からデータを得て，その解釈によって分析を行うものである。

　さて，19世紀半ば，社会学の開祖といわれる**コント** (Comte, A. 1798-1857) が主張した**実証主義** (positivism) は，進化論的な考え方にもとづいており，学問は，神学的段階から形而上学的段階を経て実証主義的な科学の段階に入ると考えるものだった。それは広義には，経験できないものは扱わず，経験的に確認できる確実な規則性や定量的な法則性を帰納的なスタンスで扱おうとする考え方であり，**経験主義** (empiricism) とも近い関係にあった。この意味では，定量的パラダイムと定性的パラダイムの間にさしたる違いはない。コントにおいては，社会学は，数学，天文学，物理学，化学，生物学，社会学というような6つの実証科学の中に位置づけられるものであり，実証科

学のなかでは一番複雑なものとされていた。

　その後1920年代に登場した**論理実証主義** (logical positivism) では，規則性や法則性を重視する立場から，さらに記号体系としての言語規則を重視する立場へと変貌し，自然科学的な方法論を社会的な事象に対しても適用しようとするものだった。いいかえれば，定量的パラダイムと定性的パラダイムが異なる道を歩むようになったのは，この論理実証主義からであった。

　こうした動きにも関係して，科学として認知されることを目指した心理学では，物理学的言語を重んじ，物理学を模範とするような法則定立的 (nomothetic) アプローチが中心的な動きとなった。そのため，心理学ではいわゆる狭義の**仮説演繹法**，つまり，仮説を立てて実験や調査を行い，その仮説の真偽を判断する，というアプローチに偏ることになった。これは，いわゆる**定量的** (quantitative) アプローチであり，テキストやスケッチや画像，映像などの表現メディアによって個別的で質的な記述を行うことを重視する**エスノグラフィ**のような**定性的** (quantitative)，**個性記述的** (ideographic) アプローチとは対比的に受け止められているものである。こうした経緯により，同じく社会科学に属している心理学と人類学は異なるアプローチを採用するようになった。近年，心理学においても質的心理学という領域が注目されるようになったが，それは定量的アプローチに傾きすぎた心理学の内部からの軌道修正ということができる。

　またルコントとプリースル[8]は，教育場面における研究のスタンスとして，観察可能な行動やその測定や定量化に重点を置く実証主義的アプローチに対して，その背後にある意味や人々の間の関係を理解することに重点を置く解釈的アプローチ，さらに現場に隠されている意味を顕在化させ，実践活動や変革に重点化していく批判的アプローチを区別している (p.24-25)。箕浦[6]も同様の区別を行っている。ルコントらは，教育や学校という場面を対象にしているので，批判的アプローチに重点を置くのは当然ともいえるだろう。研究者と対象者が共

同して実践活動に取組み，その成果を社会的場面に還元し，変革を行っていこうとする**レヴィン** (Kurt Lewin 1890-1947)[9]のアクションリサーチにも通じるこのスタンスは，人間中心設計 (HCD) などの応用場面においても参考になるものといえる。

　しかし，さらに注釈を加えるなら，定性的アプローチと定量的アプローチを相互に対立するものと見るのは適切とはいえない。たとえば**川喜田二郎** (1920-2009) は，野外科学 (定性的) に引き続いて実験科学 (定量的) が行われるべきであり，どちらについても推論を行ったり結果を分析したりする思考のレベルでは書斎科学のフェーズが必要であるとしている (1967 p.22)。また佐藤 (2002) は，定量的調査にも定性的作業があり，定性的調査にも定量的発想があると指摘し，定性・定量の区分は相対的なものであると述べている (p.167)。さらにクレスウェルとクラーク[4]は両者の混合法 (mixed method) を提案している。たとえば，説明的デザインという方略ではまず定量的な調査を行って，結果を確認したら次の定性的調査のための参加者の選定を行い，それにもとづいて定量的な調査を行う。また探究的デザインでは，説明的デザインとは反対に，まず定性的な調査を行って，その結果にもとづき検証すべき仮説を生成し，調査票を作成し，次いで定量的な調査を実施する。こうした形で，両者の利点をうまく組み合わせるやり方もある。

　こうしたパラダイムの相克は，特に心理学において，定量的アプローチを科学的アプローチとみなし，定性的アプローチを非科学的アプローチとみなすほどにまで分裂させるものだった。しかし近年，日本においては日本質的心理学会が設立されたりして独自のスタンスを明確にし，そのパラダイムの正当性がアカデミアにおいて受容されるようになってきた。

　ここで重要なのは，ある支配的パラダイムが存在するときに，それに異を唱える姿勢と勇気である。いいかえれば，科学には絶対ということはなく，この立場からすればこうなのだが，別の立場からすればこ

うなる,という柔軟性を持ち続け,さらにそれを実践によって示すことである。研究者には,時に,そうした行動を取れるだけの信念と勇気と攻撃性が必要とされる。

5. 主義

主義(ism)と**パラダイム**は区別が難しい。ただ,パラダイムは学問や思想の世界において使われるものだが,主義は政治や社会の世界で特定の立場を意味して使われることが多く,主に使われる場面が違うともいえる。しかしアカデミアの世界に主義がないかというとそういうことではない。アカデミアにおいては前述のパラダイムで触れた実証主義や論理実証主義や経験主義も主義と名乗っている。結局,ポイントは,ある立場にたって物事を解釈しようとすることであり,それが形而上学と経験主義のような対立に及ぶほど大きな場合はパラダイムと呼ぶ,といった理解でもいいのではないかと思う。

個人的に,僕自身はこうした主義というものが基本的に好きではない。何を好きこのんで色眼鏡をかけて物事を見なければいけないのか,という素朴な気持ちがあるからだ。もちろん僕だって無自覚的に依拠している主義はあるだろう。現在という時代において"当然"と思われている枠組みから逃れることは常人にとってはかなり難しいことだからだ。

僕が自分の立場として自覚している主義は,自分を基軸にすること,そしてユーザである自分をベースにすることである。いいかえれば,ユーザとしての自分が使いにくいと思われるものを批判し改善への糸口を探ることだ。あるいは自分がユーザであったとしたらと想像して,使いにくいだろうと思われるものを批判し改善に向かうことだ。世間的にはISO13407という規格の影響で,これを「**人間中心設計**」と呼んでいるし,僕もその規格を後ろ盾にしてきた関係でその言い方を使ってきた。しかし,人間中心設計という立場,いってみれば主義は,

実はよく分からない言い回しである。人間が良ければ自然環境や生態系などどうでもいい，という意味にも取れてしまう。それで僕は「ユーザ中心設計」という言い回しの方を好んでいる。色々なしがらみから自由になったら，その言い方を使うようになるだろう。ともかく，これは僕が自覚的で意図的に選択した立場であり主義である。

ただ，個人のスタンスと主義とは異なる点がある。主義というものは，一定数以上の人々に共有されていることが前提となるような社会的枠組み，ないしは信条体系なのだ。だから前述の僕の話は，単なる僕の立場，個人的スタンス，というべきかもしれない。いずれにせよ，そうした信条体系に依拠するのもいいが，主義と宗教は異なるはずのものだ。特定の主義の信奉者は，ともするとその「教義」に照らして発言を行い，あたかも特定の宗派の信者や伝道者のようになってしまうことがあるが，その点には注意をした方がいい。「教義」という社会的枠組みは，それに則って発言する人を暖かくくるんでくれる。同じ信念体系を持った人たちとの連帯感を感じることができる。こうなると個人としての研究者の存在意義が問われることになるし，信念体系同士の戦いであれば決着が付くこともない。大切なことは，自分の足下に絶えず光をあて，その意味に疑念を抱き続けることだろう。

ところで，特定の提唱者がいるわけではないが，明治以来の日本には拝欧米主義というものがはやっており，未だにそれは衰えることを知らないでいる。もともと日本は中国や朝鮮から文化を輸入して，それをもとに自文化を形成してきた経緯もあるし，外物を尊ぶ気風というのは日本人の血脈にながれる因縁なのかもしれない。

拝欧米主義がどのように表出されるかといえば，自分の研究が欧米で認められることを第一とし，欧米で流行っている概念なら即輸入した者が勝ちだとするような形である。新しい考え方を日本人が提唱し，それが学会で一つの位置を占めるようになるのはとても珍しいことだ。心理学者の戸田正直（1924-2006）の提唱したアージ理論などは例外的なものの一つである。もちろん，欧米には優れた研究者が

多く，また進んだ研究が多いことも事実ではあるが，その枠組みの中でものごとを考えることが正当なあり方であるかのような錯覚が日本には広く深く染み渡っているように思う。

　たとえばISOの規格を例に取ると，会議に参加して日本独自の意見を述べるようになったのは，僕の関係しているTC159という分野では比較的最近のことだと思う。それまでは外国のエディタがまとめた原案を解釈し，規格になればそれを真面目に実践しようとするだけだった。日本の規格であるJISにISO規格を和訳した翻訳JISが多いのはそうした動向を反映している。そうした中で，日本においてウェブアクセシビリティに関するJIS X8341-3:2010が成立したのは例外的なことといえる。

　もちろん日本人は馬鹿ではないと思う。世界に秀でた大秀才の集まりだと自惚れる必要はないが，拝欧米主義の風潮はあまりにも自信のない姿勢であり，寄らば欧米の陰というような卑屈さを感じさせるものである。ちょっと話が逸れたかもしれない。

6. 歴史的存在としての研究者

　研究者は人間だから，生まれた年，育った年，活動した年，そして死んでしまう年という制約のなかで生きており，それがどのような時代であったかということに規定される歴史的な存在でもある。研究成果は蓄積されてきたし，またこれからもそうだろう。しかし単に溜めておかれるだけのものではない。時代とともに以前の考え方が否定されたり，統合されたり，あるいは新しい発想が生まれたりするが，そうした経緯が現在どのようになっているか，という歴史的事実から逃れることはできない。だから1920年代には1980年代に行われたような議論はできないし，現在においては2030年に行われるであろう議論をすることはできない。2030年に行われるであろう議論の素地を作ることは可能であっても，やはり現在という歴史的枠組みから逃れるこ

とはできない。

「早く生まれすぎた天才」という言い方があるが，これは歴史的枠組みと関係している。ただ，これからの時代においてそうしたことが起こりうるかどうかは多少疑問である。研究者の数が膨大になり，生産される文献や学会発表はものすごい数になる。そのなかから，過去を探っていき磨けば光る石を探り出すような作業をすることが人間に可能だろうか。まあ，人工知能が発達し，データベース検索が完璧になれば，そうしたことは自動的にできるようになるかもしれない。

最近，僕らの世代の研究者が漏らす不満の一つに，「あの研究は1960年代に誰それがやっていた研究と同じなのに，この論文の著者はそのことに触れていないばかりか引用すらしていない」といった類のことがある。その若い研究者は，自分の歴史的状況を理解していないばかりか，そのための努力も怠っている，というわけである。

また，問題意識というものは，"その"時代に提起されて議論されればよいのであって，何も研究史という形で古い文献を探らなければならないということはない，という考え方もありうるだろう。論文に研究史を書くのは，自分の研究の位置づけと提起した問題の意義を明らかにするためだが，同時に過去の研究者の業績に対して敬意を表するという意味もある。

研究というものは，過去にこだわらずにどんどん前に進めばいい，という立場をとるなら，過去の研究への言及は，敬意の表現という後者の意味合いにおいてはもちろん，前者の意味合いにおいても不要になるかもしれない。要するに論文なり学会発表において適切で十分な問題提起と結論が自己完結的にできていればそれでもいいではないか，という立場だ。もちろん，その問題提起と結論が，過去における研究と同等のものであれば，それは単なる再発見であり反復でしかないという理由から非難されてしかるべきであるが，一歩前進することができているなら，それでもいいのでは，という話である。

とは言っても，僕にはその立場をとる気持ちはあまりない。やはり原

則として，きちんと歴史をひもとくことだと思う。自分という存在の歴史性を自覚することは研究者としての大原則だと思うからだ。

7. 研究分野の細分化と融合的研究

　世界中で研究という活動が多数の研究者によって指数的に拡大して行われるようになって，研究分野の多様性も増してきた。その経過を見ると，従来の研究領域が細分化されるケースと，新たな問題の発生や技術的革新によって新しい研究領域が生まれるケースとがある。科学研究費助成金の分野別一覧を見ると，相当な数の研究分野のあることがわかる。それでもまだ十分に分類されているとは思えないのだが，ともかく研究領域というものは時代とともにどんどん広がってきている。

　そうなると研究が縦割りになって横の連絡が取れなくなり，隘路にはまってしまうことがある，とはしばしば指摘されることである。たしかにそのようなこともあるが，そうでないこともある。後述するT定規型の考え方のようなスタンスを取れば，近視眼的に，また馬車馬のように目隠しをされた状態から脱することはできるはずだ。要は，個々の研究者の心構えや態度ということだと思う。

　ところで，やおよろずプロジェクトのところで触れた「文理融合」という言葉がある。役人や企業幹部などの好む言い方なのだが，たしかに文と理ではかなり文化風土は異なっている。もちろん，ここでいう文とは文学部でやられている研究だけでなく，社会科学などを含んだ広い意味合いで考えるべきだし，理といっても理学部だけでなく工学部あたりでやられている研究をも含んだ意味で考えるべきものだ。さらにいえば，文理融合と安直に言った場合に心「理」学がどちらに入るのか，デザインはどうなるのか，など，考えてみれば実に曖昧模糊とした表現であることが理解できる。しかし，研究の世界に異なる複数のディシプリンが存在していることは確かである。

特に僕が専門としているユーザインタフェースのような領域は，工学的な技術開発とそれを使う人間に関する理解とが調和的に進められるべきものである。敢えておおざっぱな言い方をさせてもらうなら，工学系の人たちはモノを作ることが好きである。そしてどんどん作ってしまいがちである。一方，心理学や人間工学（これまた工学と名前は付いているが，直接モノを作るわけではないので，文理という言い方でいえば文に属すると考えた方がよい）の人たちは，「ちょっと待て」「それが本当に人間の性質や生活に適合しているのかを考えるべきだろう」と言いたがる。こうして二系統のディシプリンは並行しながらなかなか交わることがないという現実がある。

　ただ，2000年前後まではこれらのディシプリンは並存し，交わることが少なかったが，最近は多少状況が変化してきている。要するに，問題は個々の研究者の関心がどこにあるかということであり，以前は，文には人間に関心のある人が多く，工には少なかった，ということである。そうした状況は変化しているのだ。たとえば最近の若い人たちには文系の学部から工系の大学院に入ったり，その逆のケースもあり，複合的なバックグラウンドを持った人材が増えてきている。こうしたアプローチは，スタンフォード大学の"Dスクール"などが積極的に推進しているもので，旧来型の文理融合という理念を無理に叫ばなくても，徐々にではあるが，状況は改善されつつあるといえるだろう。

8. 新規性と有用性

　研究において重視されるものは，論文の査読基準とほぼ同じであると言っていいだろう．たとえばヒューマンインタフェース学会では以下のような基準を公開している (http://www.his.gr.jp/upload/paper/reviewer-guideline111110.pdf)．

1.1 新規性
問題設定，適応領域，ユーザ層，発見，知見，事例，理論，実験法，調査法，評価法，訓練法，メタファ，システム，用途，サービス，調査結果，デザイン　その他

1.2 有用性
a. 学術，技術，社会的課題に応えている
b. 実用化，改良，改善上の成果がある
c. 技術移転，波及効果，啓発効果がある
d. 理論や方法の拡張，体系化，視点の転換の成果を含んでいる
e. 利用効果，導入過程，実態調査，支援相談に有用である

1.3 信頼性
a. 内容に致命的な誤りやあいまい性がない．
b. 論旨の展開が明確である．
c. 関連研究の引用等に基づき，論文の位置付けが適切になされている．
d. 研究成果や知見が明確に述べられている．
e. 誇張や行き過ぎた表現がない．
f. 誤字・脱字・意味不明な文章がない．
g. 論文としての体裁をなしている．
h. 実験条件，方法が適切に述べられている．

また情報処理学会でも下記のような基準を明記している (https://www.ipsj.or.jp/journal/info/jour_topics/topi4.html)。

> **a. 新規性**
> 従来提案されていないと判断できる新しいアイデアを提案しているか，既存アイデアを組み合わせたものでも自明ではない新しい利用法を提案しているか，あるいは技術的に新しい知見を与えるデータを提示しているか等の観点からご評価ください。
>
> **b. 有用性**
> 提案手法の有用性が性能評価等により示されているか，または製品化，あるいは公開された作品，プロダクト等（ソフトウェア，ハードウェア等）で技術的有効性が客観的に確認されているか，という観点からご評価ください。
>
> **c. 正確さ**
> **d. 構成と読みやすさ**
> **e. 本学会との関連**

どちらの学会も新規性，有用性，正確さとなっていて，その一番最初が新規性である。新規性の他に新奇性という言葉もあるが，(1) に関連した新奇性について，何か目新しいもので注目を集めてやろうという悪く言えば山師的で自己顕示欲的な研究は，(2) の有用性に関してそれは実際に役に立つ有意義な研究ですか，という形でチェックを受けることになっている。この仕組み自体には問題がないのだが，新規性に対するチェック項目になっているはずの有用性が，あまり有効に機能しないことが多い点に問題がある。これは文理を問わずに発生している現象で，有用性ということについて何かもっともらしいことを

書くと，それ以上の追究ができず，結果的にはどこでも使われず参照もされないような論文が高い有用性をもったものとして通ってしまうことがある。

ユーザインタフェースの研究でも同様で，そうした事態を防ぐために，実際にユーザに使わせ，ちゃんと評価確認をしました，という体裁をとることが多くなってきた。こうした傾向も悪くないのだが，どうも今ひとつ有効に働いていないような気がする。そういった型にはまった研究が多くなってきたので，最近の採択論文や学会のテクニカルペーパーには面白いモノがすくなくなった，と文句を言っている人もいる。それもまたよく分かる。

この現状をどうしたらいいのか。ここで実際には意味をなさないであろう基準を提示するなら，それは本質性ということになるだろうか。いわゆる"何か外れているんじゃないか"という印象を与える論文と，"これは筋がいい"と思える論文がある。この違いは，しかしながら新規性と有用性という基準からは浮き彫りにすることができない。だから仕方なく，新規性と有用性で高い得点をとった論文なら，そのなかに本質性が高い論文も含まれているだろうという見込みによって採択を決定しているのが現状である，ともいえるように思う。

9. 研究のための研究

ACMにSIGCHIという組織があり，その年次大会はユーザインタフェース研究の世界では世界のトップレベルであるとされている。僕もそうした風説に影響されて，ショートペーパーや，ポスター，ワークショップ，チュートリアル，パネルディスカッションなど，いろいろな形式に参加し発表をしてきた。それはそれで良かったのだが，その当時からある疑問があり，それは徐々に大きくなってきた。

ふたむかし前，**ブッシュ**（Vannevar Bush, 1890-1974）が**メメックス**（Memex）のコンセプトを提唱した時，それはちゃんと論文とし

て公刊された。それが現在では**ハイパーメディア**という実装形態を経由して**インターネット**という形になり，世界中で人々はその恩恵にあずかっている。**エンゲルバート**（Douglas Engelbart 1925-2013）が**マウス**のアイデアを思いついたとき，それもちゃんと世間に公開されている。その後のマウスの発展はめざましく，現在ではボールマウスは姿を消したが，その基本コンセプトは光マウスとして，また機能的にはホイール付きマウスとして世界に普及している。**ワイザー**（Mark Weiser 1952-1999）の**ユビキタスコンピューティング**の概念も公開され，近年の技術の進歩と相まってIOTという形で実装されはじめている。もちろん，こうした後世につながる技術開発だけでなく，その中には大勢の消えていった発明もあったわけだが，少なくとも技術開発は社会的なインパクトを持ち，その後の世界を牽引する力を持っていた。**アラン・ケイ**（Alan Kay 1940-）の**ダイナブック**（Dynabook）も，Apple（1988）が公開した**ナレッジ・ナビゲータ**（Knowledge Navigator）のビデオも，そのコンセプトはそれなりに未来を予見させる力を持っていた。

　それがどうだろう。現在では，話題になっている製品やシステム，サービスなどは，学会で発表されることなく突然のように社会に登場し，（もちろん広まらずに消えていったものも多いが），FacebookやLinkedInやLINEにしても，Google Mapにしても，Google ScholarもGoogle TranslationもGoogle Driveも，Dropboxにしても，Siriにしても，iTunesにしても，Amazonのワンクリックにしても，そしてWikipediaにしても，すでに我々の生活の構成部品として欠くことのできないものになっている。しかし，そうした革新的で社会的インパクトのあるモノやコトは，学会という場で発表され議論されて実装されたわけではない。

　果たして，それらのモノやコトは，やればできること，誰でも思いつく程度のことであって，彼らは単にそれをやっただけに過ぎない，という種類のものなのだろうか。そう言い切れるのだろうか。

僕には学会という場が，そうした実践家たちにとっては魅力のない閉鎖的な場であると見なされるようになったのではないかと思える。最近のインタフェース技術はアートやエンタテイメントには応用できそうなものが多い，というか技術展示などではそれが大半ではないかとすら思える。アートやエンタテイメントもそれなりの社会的機能を持っているから，それなりの社会的インパクトがあるのだと言えないこともないとは思うが。

　他方で企業の秘密主義的な姿勢も問題である。ノウハウを公開して技術移転を積極的に行ってきた日本の製造業が現在苦境にたたされているのは，そのオープンな姿勢に原因があった可能性もある。さらに，技術開発というよりコンセプトの重要性が増してきた現在では，日本の企業も外国企業も，その活動実態を学会に発表することをむしろ嫌っているとも見える。以前の技術開発中心の時代であれば，特許さえ取っておけば学会発表はむしろ奨励されるものだった。それが企業の技術開発力のアピールになると考えられたからだ。しかし時代は変化し，コンセプトが重要になってきた。その結果，企業の実質的活動は学会活動とは切り離されてきてしまっているのが現状のように思える。

　それでは，そうした状況にもかかわらず，学会が学会としてそれなりに盛んに行われているのは何故なのか。僕は，研究者を取り巻く業績主義の影響が強いように思う。特にアジア地域の大学で昇進したり転職したりするためには，Elsevierの運営しているScopus (http://www.elsevier.com/jp/online-tools/scopus) とか Thomson Reutersの運営している Science Citation Index (http://ip-science.thomsonreuters.jp/products/scie/) などで高いランクを示している雑誌や学会に発表し，被引用回数が多いことが強く求められている。いやそれはアジアに限った話ではない。その弊害については当事者の研究者たちも認めているところだが，皆，現状是認であり，それに従っている。そうなると，いわゆる影響力のある学会で発表し

たり，論文誌に論文を掲載させたりすることは彼らの生活において絶対の必須要件となる．意外なことに書籍の出版は論文発表よりワンランク低くみられる傾向すらあるらしい．要するに書籍の場合には，他人のレビューを経ず，勝手なことを書けてしまうから，ということなのだろう．

　アカデミアの世界で生きるには，その中で這い上がり，有名になることがその世界で暮らす人々にとっては1つの価値基準として重要であり，現在の学会はそれなりの社会的機能（アカデミアという社会における内向きのもの）を果たしている，ということもできる．しかし，一見，白熱した議論のように思えても，それは議論のための議論であり，そのベースになっているのは研究のための研究なのではないか．いや議論が活性化していればまだいいのだが，SIGCHIですら発表そのものがもやもやとしていて何が言いたいのか分からなかったり，質疑できちんとした回答ができなかったりするケースもある．しかし予稿の査読は通ってしまっているので，それはそれで一つの業績を稼いだことになる．これでは研究のための研究，より正しくは研究者のための研究ということになる．すべての学会，すべての発表者がそうだとはいいたくないが，それに近いものが多いと言えるのではないだろうか．

10. 常識

　僕は若い頃から「常識なんて糞食らえ」と思ってきた．常識というのは確かに共同体感覚である．そして当時から，世間に対して逆らう気持ちがあり，団塊の世代の共通意識でもあった反逆という言葉のニュアンスに惹かれたこともあって，それなりに非常識を是とする生活態度をしばしば取ってきた．たとえば大学生の頃，世間に対する何とはなしの反感から，もしもの時にと思ってナイフを携行していた時期すらあった．とんだ不良もどきである．良識などという言葉を耳にすると

背筋がゾクッとして胃が収縮するほどだった。

　それはともかく，日常生活でも研究生活でも，常識の圏内で物事を考えていたのでは結果は見えているし，見えるべく見えてきてしまうと今でも思っている。常識は制約に通じるものだ。もちろん，論文の執筆要領とか学会での発表形式とかは制約ではあるが，それはアカデミアにおける意識化され明示された制約条件であり，むしろ遵守すべきものだろう。それが研究内容や研究態度に制約を与える心配は少ない。問題になるのは，テーマをどのように設定し，どのようにそれに取り組むかという研究のあり方，進め方に対して常識が関わってきて，制約として関与する場合である。ただし，常識的には研究というものがどのような流れに沿って行われてゆくのか，ということを事前に押さえておくことは基本中の基本である。常識が分かっていなければ，反常識も非常識もありえない。いいかえれば，自分の中にある常識，自分を取り巻いている常識を，まずは明らかにすること，それが常識から脱するための前提条件となる。

　常識による制約としては，まず「そういうことをしても研究にはならない」という言い方がある。「そんなやり方をしても成果はでないよ」という言い方も，それが立場の上にいる人から発せられると強い制約となる。「君にはこういうことをやってもらいたい」「こうやって進めてもらいたい」というお仕着せも，アカデミアの世界にはよくあることだ。それで給料をもらうなら，少なくとも表面的には妥協する必要がでてくるが，決してそれに全面的に服従する必要はない。もちろん自分が全面的に同意できるなら言うことはない。ただ，ちょっとでもそれに対して「ん？」と思うことがあれば，その「ん？」を極めるべきだろう。

　それは言い換えれば自分の直感を信じるということだ。直感は多くの場合，最初「ん？」という形でやってくる。そしてそれをそのままにしておくと，忙しく立ち働いているうちに忘れてしまう。だから研究者は自分の感性や感受性を何よりも尊ぶ必要がある。それが従来の壁を打破し，新たな地平を切り開くことにつながる可能性をもたらしてくれ

るからだ。そして，先ほどの「ん?」について考えよう。それをできるだけ言語化するようにしよう。いや，言語というのはテキストという意味だけではなく，ポンチ絵のようなものでもいいだろう。要するに自分の頭のなかから自分の外側に外化することだ。その「ん?」を仔細に分析してゆくと，テーマの設定や研究方法の適切さ，結果の処理法，別の仮説の可能性などにつながることが多い。自分の頭のなかに入っている常識は，すでに意識化されているものもあれば，まだモヤモヤとした状態で半意識あるいは無意識の状態に留まっているものもある。それを顕在化することで，平たくいえば「目が覚める」わけである。

研究共同体は，社会を構成している共同体のひとつである。研究者は研究共同体に所属していると同時に地域共同体や世代共同体，等々にも所属している。そして，いずれの共同体もそれなりの常識というものを持っていて，研究者にそれを押しつけてくる。身のまわりは常識だらけである。そして常識に従っているかぎり，その共同体に受容してもらうことは可能である。多くの人々は受容されることを望ましいと思う。研究者も人間である以上その例外ではない。ただ，受容されることを望むのは自由だが，自分の直感を大切にし，常識を**対象化**することを忘れてはならない。

社会的需要の低い研究に対しては世間の風当たりも強い。というか，世間が注目してくれず，注目がなければ結果としての受容もありえない。そうした時，同志を募って小さな共同体を作ることもあるだろう。周囲との間に強固な壁を築き，壁のなかの世界でお互いに心を温めあうわけだ。研究の世界では，ときどき，いや結構な比率でこういうことが起きる。しかし，そこには新たな常識が生まれてくる。そしてやがて，それは制約を課してくることになる。ひと頃の学生運動のセクトもそうした事例の一つだが，研究の世界でそういうやり方が好ましいかどうかは一考を要する。非常識を尊ぶ，という立場からすれば，そうしたやり方は否定すべきものなのだが。

社会的に孤立することを好む人もいるが，進んで孤立を求めずとも

場合によっては常識という制約に対する態度から自然と孤立してしまうことも起こりうる。あるいは，周囲は好意的な見方から自分のことを常識に対応している人として見てくれているが，自分自身は心のなかでそこに線を引いているような場合もあるだろう。いずれにせよ，安易に線引きを撤回しない方がいいだろう，と僕は思う。線のなかにいるのは基本，自分一人である。その方が，自分の中に浸透してきた常識や，自分が寄りかかっていた暗黙知をきちんと同定し，識別することができるだろうからだ。

11. 戦争と平和

　戦争は嫌だ，と殆どの人が思っているだろう。しかし，何故嫌なのか，と問うと様々な答えが返ってくる。怖いからというシンプルなものから，人を殺すのはよくないことだからとか，人類が築いてきたものを壊してしまうからとか，自分や身内の者や知り合いが死んでしまうのは嫌だとか，経済的にもダメージがあるからとか，人の心が壊れてしまうからとか，いろいろな回答が考えられる。

　しばしば気になっているのは核兵器や毒ガス兵器のような大量破壊兵器に対する反対運動である。たしかに大量破壊兵器は無差別に人を殺してしまうし，無差別に資産を破壊する。それなら一般人でなく兵士だけを選別して殺すならいいのか，とか小火器ならいいのかとか，という反問ができる。しかし兵士にだって嫌々徴兵された人もいるだろうし，攻撃態勢に入っていなければ殺人の意思を態度で示しているわけではない。また小火器を使って兵士や下士官を大量に殺したカチンの森の事件や，農民を大量に殺したソンミ村事件などの事件は枚挙に暇がないほどである。別に大量破壊兵器だけが悪いのではなく，小火器だって使い方次第だろう。

　また，大量殺戮が話題になるが，それなら個別に殺すのであればいいのか，という問いかけもできる。戦時にはニュースにならないだろう

が，平時であればそれも立派なニュース種である。平和な時ですら，女子高生コンクリート詰め殺人事件や神戸連続児童殺傷事件などもおきている。

　じゃあ，人を殺さねばいいのか。人が死ななければいいのか，と問うことができる。しかし，人権を蹂躙したり，拷問したり，自尊心を傷つけたりすることもよくないことだろう。あくまでも心理学の実験ではあったが，**ジンバルドー** (Philip Zimbardo 1933-) の行った**スタンフォード監獄実験**のようなこともいいとはいえない。これは刑務所という実験室で参加者を二群つまり看守役と囚人役に分け，役割行動がどのように変化するかを見る社会心理学の実験だった。しかし，日にちが経つにつれ，役割行動は内化され意識の変化を起こし，看守役による暴力が発生したりしたため，実験は途中で中止された，というものである。この事件をもとにした映画『es』もある。改めて考えてみれば，通常の囚人はその罪状が明確であり，刑務所に収監されることの意味を理解しているが，単なる役割として囚人になった人々にはその認識がなく，そこまで従順になれなかった，とも考えられる。しかし，特に囚人役になってしまった人たちの人権は，同意の上とはいえ，一定期間制約されてしまったわけで，心理学実験における実験参加者の人権という問題を改めて提起する結果となった。

　それでは反対に平和とは何か，ということになる。戦争ではないこと，というのは大前提であり大前提でしかない。その理由については既に述べた。実際にはその反対でむしろ積極的に考える必要がある。それは，人々が心の平穏さを持つことができ，自由を謳歌できる状態ではないだろうか。つまり兵器の問題でもないし，戦争がないことでもない。もちろん兵器はなくなり，あるいは少なくなり，戦争がないのに越したことはないし，これらが前提にはなるのだが，それよりも心の問題の方が大きいと思う。

　こうしたことに対して研究者，いやこの場合は知識人とくくったほうがいいだろうが，そうした人々はどのように行動すべきだろう。兵器産

業に関わる工学系の技術や理学系の理論だけでなく，心理学や社会学などの社会科学も，また文学も芸術も人々をコントロールするために活用されうるし，また利用されてきた。だからこの問題はすべての領域の研究者に関わってくるといえる。

リーフェンシュタール (Riefenstahl, B.H.A. 1902-2003) の『意志の勝利』（1935）を改めて見てみた。ナチズムにコントロールされた人々が熱狂的に腕をさしあげている姿，鉤十字の旗が道路を埋め尽くしている姿は，見ているだけでほんとうに吐き気を催すものだった。1934年のニュールンベルク党大会の様子もそうだった。一人ひとりが駒となった大行列，その頭のなかに染み込んでいったであろうヒトラーの演説。さらに当時は長いナイフの夜事件によって突撃隊（SA）の幹部が粛正されて骨抜きにされ，親衛隊（SS）を中心にしてナチスの結束が高まった時代だった。政治には無関心だったのかもしれないが，その政治を統括するヒトラーという人物に依頼されて映画を作成した彼女が，ヒトラーにとっては実にタイミングよくナチスのプロパガンダ映画を作成してしまったことになるし，その罪は消えることはない。映画人としての技量に確かにそれなりのものはあったが，それとこの罪とは別のことである。

リーフェンシュタールは映画人であり研究者ではなかった。しかし人体実験を行ったメンゲレ (Josef Mengele 1911-1979) は別としても，ロケット開発のフォン・ブラウン (Werner von Braun 1912-1977) や原子爆弾開発のオッペンハイマー (Julius Oppenheimer 1904-1967) などの人たちがいる。人類学者のベネディクト (Ruth Benedict 1887-1948) も戦争に協力している。研究者には，政治家から手を差し伸べられる時がやってこないとは限らない。研究は政治とは別だと言って政治に背を向けるのではなく，自分の暮らしている社会の動きのひとつとして研究者は政治的な事象にも関心を持つべきだろう。そして個々の技術開発がどのようにして，そうした政治に利用されかねないかという危機意識を持つと同時に，自分がどのような

スタンスを取るべきかを考えておく必要がある。

12. 国家と社会

　この項目については，いささか僕の個人的見解がやや過剰に出てしまっていることを，あらかじめお断りしておきたい。

　僕は基本的に国家という概念は嫌いである。もちろん僕が嫌ったくらいで消えてなくなるようなものではないが，できるだけそれに関わりをもたないで生きたいと思ってきた。その反対に社会という概念には，そこに住んでいる自分，という気持ちがするし，日本社会は多少喧しくうざったらしいところもあるが，嫌いではない。

　ニュアンスについていえば，国家は理念であって，社会は実体であるといった，そんな違いがあるように思う。もちろん理念といえども国家は実権をもち，個人を制約し，他国と争いごとをし，国民を戦争に駆り立てたりするわけだが，どうも基本は集団的な妄念に由来するような気がしてならない。

　国家という概念にも歴史的な変遷があるが，現在では国境紛争地域と南極を除いて地上の陸地は見事に分割されきっている。それだけでなく海にも制海権があるし空にも制空権がある。そして国家の許可なしにそれを越えれば罰が加えられるし，その範囲内であれば，まあ自由に移動したり，騒ぎを起こさない程度に活動したりすることができる。国家の側の言い分としては，そうすることによって国内の治安を守り，個々人の生活を安定したものにしているのだ，ということになるのだろうが，どうもお上というのは僕の性分に合わない。

　だから政治，特に国政にはあまり関わりたくない気持ちでいる。ただし地方政治はどちらかというと地域社会というニュアンスがあるので，あまり邪魔な気はしない。僕は教授会などの小社会の選挙は別として，国政選挙などでは投票をしない。投票しなければむち打ち百回などということになったら慌てて投票するかもしれないが，とにかく僕

には僕の理屈がある。

　選挙の時にはきれい事ばかりを話して重要な議題を明示せず，政権を握ったら勝手なことができるような政治の仕組みがそもそも嫌いだからだ。要するに実態は政治家に対する信任投票ということなのだ。あなたにお任せしますよ，ということなのだ。このICTの時代に，重要法案，しかも選挙の時には議題にしてこなかったようなことを国民に問うことなく，代議員だけで勝手に決めてしまっている。その点では与党も野党も一連託生なのだが，とにかくそのような仕組みが気に入らない。政治の仕組みが国民中心設計になっていないのだ。もちろん選挙の時点では予想できなかった事態が生じることもあるだろうけれど，それだって重要なことであれば基本的には国民投票でいいはずだ。首相など，与党が勝手に決めただけで，少なくとも僕が信任した覚えはない。もし首相の罷免に関する国民投票があるなら喜んで投票所に行くだろう。

　とはいえ，大学や国立研究所の研究者にとって国家は切り離して考えることのできない存在である。何しろ文科省というお役所が存在しているのだから。地域クラスターや振興調整費や科学研究費助成金などをもらっておきながら何と勝手なことをいうのか，という理屈もあるかとは思うが，国立の場合は財源の多くの部分を国立大学法人運営費交付金によっているし，私立の場合でも経費全体の10%程度には過ぎないものの私立大学等経常費補助金をもらっている。しかし，大学の運営費用の一部を国家からいただいているといっても，国家予算の元は我々の税金である。多少荒っぽい理屈ではあるが，ちゃんと税金は払っているし税収なしに国家は成立しないのだから，そう卑屈になって政治批判を控える必要はないと考えている。

　ひとつの問題は，税収によっている国家予算の教育・研究への配分が増加するどころか2004年度の国立大学法人化以後減少しているということだ。教育・研究への予算を増やさずして，国の未来があり得るとでも思っているのだろうか。この腹立ちの発散の仕方が前述の選

挙くらいしかない，というところにも腹が立つ。その一方で，教育への締め付けは厳しくなっている。たとえば，細かいことだが，ここ数年，文科省からの指示があったようで，一つの授業は十五回をきちんと実施するように事務方から求められるようになった。だから国際会議などで休講にすると，必ず補講をしなければならない

　それはもっともなことのように聞こえるが，ここに内在している問題は，そもそもいずれの講義も十五回で必要十分だということが立証されているのか，という点だ。それなのに，形式主義に陥っているという点だ。授業に密度という概念を導入し，すべての授業は等密度でやることにした場合，15回どころか8回で済むものもあるだろうし，場合によっては25回必要なものもでてくるだろう。それを決まり切った15回という枠に収めさせ，その回数を守らせる，というのは何という形式的な根性なのだろう，と思ってしまう。

　形式的という点で話しは飛ぶが，政府系の委員会にでてみると実に形式的にコトが進んでいくのが腹立たしかった。以前，あまりに腹が立ったので，最終回の結論の審議のときに「これでは予定調和にすぎないではないですか」といったことをしゃべってしまった。以来，国の委員会からのお招きは無くなった。こうした点では，むしろ地方自治体の委員会の方が本気で熱心に議論をしているような気がする。

　大学の教員は，国の委員などになるとそれを誇らしく思う傾向があるようで，そうした喜びの姿にケチをつけるつもりはないが，はあそうですか，程度の感想を抱いている。実際にどの程度の影響力をもてるかは，その人の力次第なので一概にはいえないが，ぜひ政府あたりが抱いている先入主を打ち砕いていただきたい，と思っている。有識者を集めた会議といっても，基本的には政府方針を追認させ，エンドースを得るための仕組みでしかないことが多いからだ。審議の途中で反論を述べるのもいい。しかし要は結論がどうなるかだ。反論を聞いてもらえて満足してしまうのでは不十分だし，結果的に利用されただけだと思う。もちろん勲章って奴も嫌いだ。まあ僕が勲章をもらうよう

なことはないだろうが，そもそも勲章に階位といったらいいのか，序列があるのが気にくわない。これは余計な話だった。

　国家についての私憤を少し書きすぎたかもしれないが，反対に社会という概念はどちらかといえば好ましいと思っている。いわゆる共同体ということだ。そこには文化があり風土がある。

　研究者には海外に飛び出してしまう人もいるけれど，そうした人々にとっては日本という社会が肌に合わなかったのだろう。その理由は色々あるだろう。外国のほうがやりたいことができるから，実力主義だから，細かいことでうるさく言われないから，優秀な人がたくさん集まっているから，等々。それはまあ致し方ないことだ。ちなみに，優秀さという尺度があって正規分布しており，その散布度が等しいと仮定するなら，優秀な人材の比率は総人口に比例する。つまり，日本とアメリカでは2.5倍という比率でアメリカに優秀な人が多いことになる。その意味ではたしかにアメリカの魅力というものはあるだろう。そして，海外に飛び出してしまう人にしても，日本の社会を全面否定し，外国社会を全面肯定しているわけではないだろうし，どの社会にもよい点や悪い点があるのだから，それは単に生き方の選択の問題だといえるのではないか。もちろん言葉の壁を乗り越え，文化や社会システムの違う場所で暮らしていく努力は並大抵のことではないとは思う。

　しかし，それをしてでも外国に暮らしたいという人は，その努力を惜しむべきではないだろう。昔，友達が「私の夢は，おばあさんになったらパリのアパルトマンに住んで，揺り椅子に座って猫を可愛がることなの」と言っていたのを思い出す。楽しいかもしれないけど，退屈しないのかな，などと思った覚えがある。現在どうしているのかは知らないが，彼女は研究者の卵で，自分の専門領域ではないフランス語を一生懸命勉強していた。ともかく，それも生き方の1つ，ということだ。彼女に，そして外国社会で生きてゆこうとする人たちには，がんばってね，という言葉を贈りたい。

13. マスメディア

　研究者にとって**マスメディア**とのつきあい方は案外に難しい。まず，マスメディアは単なる情報の提供組織ではなく，一つの営利組織である。世間が注目し，騒ぐような情報を提供することで購読部数を伸ばしたり，視聴率を稼いだりしようとする。そして世間の関心が薄れたと見ると，潮の引くようにさっとその話題を取り上げなくなる。STAP細胞事件での彼らの動きをぜひ思い出していただきたい。ある意味，きわめて忘れっぽく，また無責任なところがあるのだ。

　しかも，彼らのスタンスは，世間の代弁者としての優越感に満ちている。企業で不祥事があったとき，企業幹部が記者席に向かって頭をさげるのは恒例となっているが，こんなことも記者たちの優越感を刺激し，ひとつの社会的権威として自らを取り違えてしまう結果につながっているように思う。

　研究者との関係で考えるなら，研究者からすれば，自分の研究成果が取りあげられて世間に広く知られるようになることは嬉しいだろうし，自分自身が時の人になったりすれば，それもまたうれしいことだろう。テレビ番組を見ていると，そこに登場するのは准教授，つまり教授への昇進を期待している状況の人たちであることが多かったりするのだが，彼らは熱心にそして多少の自己PRをこめて，研究者の立場からの説明を行っている。その情報がどのように編集され，どのような位置づけで放送されるかをどこまで考えているのかは分からない。

　その人選がどのように行われているのかは知らないが，特に番組が理工系の内容であれば，あまりに奇抜な解釈をする人は登場しない。一般に，世間の人間がだいたいそうかなと思っているようなことを追認する形での取り上げ方が多い。そもそも放送時間が圧倒的に短いから，碌な話もできやしないのだ。ただ，社会や政治などの問題になると，対立する二つの考え方を代表するような研究者や知識人を登場

させることによって，内容がバランシングされていることが多い。これはテレビだけでなく新聞でも同じだ。世間での実際の意向分布がどうであろうと2つの対立意見がでてきてしまう。後は視聴者の判断にゆだねようという，どちらかというと放任的な態度なのだが，これはマスメディアのエセ中立主義的傾向を反映していると言っていいだろう。なぜか各局ともに中立のふりをしたがる。個人的には，もっと鮮明に各報道機関は右派，左派，などに自分たちのスタンスを明示し，報道が色づけされていてもいいと思うし，視聴者を吸取り紙のように扱わず，批判的精神の持ち主とみるような扱いがあってもいいと思う。いや，視聴者を批判的精神の持ち主に育てあげることも，マスメディアに求められるお仕事なのではないか，とは思うのだが，現状を顧みるに，そこまでの重たいお仕事は彼らには過重というべきなのだろう。

　マスメディアとしての**インターネット**の位置づけも忘れてはならない。インターネットは誰でも（法的に問題がなければ）どのような意見でもアップすることができるという意味では民主的なメディアであるが，そこからの検索ということになると，どのような情報を知ることができるかはある面で検索エンジンに支配されていると言ってもいいだろう。検索エンジンで見つかったサイトをせいぜい2, 3画面分めくって，それでだいたい調べたような気になってしまうという利用者の側にも問題はあるが，検索エンジンは世論を左右するほどの影響力を持っているといえる。もちろん検索語の入れ方などで多少の工夫はできるものの，検索できなかったサイトは通常，アクセスされることはない。苦労して見つけたサイトなら，それをブックマークに入れておけばいいのだが，その労力も数が増えるとかなりのことになる。研究の世界でも文献検索をGoogle Scholarでやるとなると，やはり同様の問題が発生する。ある意味では，インターネットは研究者を含めた我々の生きる世界をそれなりに方向づける力を持っているといえる。しかし，インターネットの利用においては，その影響力，さらにいえば支配力という点をきちんと理解しておく必要がある。

14. 楽観主義と悲観主義

　人類の中には楽観主義と悲観主義が共存している。個人においても楽観的な部分と悲観的な部分が共存していることがあるが，当人の性格によるのだろうか，どちらか一方に偏っていることも多いように思う。精神疾患でいうなら，現在では双極性障害と呼ばれている躁状態と鬱状態の間を振動するものがあるし，**クレッチメル**（Alfred Kretschmer 1894-1967）のように，そのアナロジーを一般人にまで適用するなら，躁気質と鬱気質の人間や，その間を振動する人間がいるという話になる。そして，それが楽観主義と悲観主義に関係していると想像することもできるだろう。

　ただ，楽観主義と悲観主義が性格と異なるのは，未来に対する予見性という点である。研究者について言うなら，自分の研究していることが将来，どのような影響を及ぼす可能性があるかを予測する能力とも関係している点である。これに関連する内容は研究者の社会的責任という話で既に述べたが，あまりに楽観的な未来像を描くのは研究者としてはどうなのだろう，と思うことが多い。技術はそれがどのような領域であっても，つまり理工系だけでなく，文系も社会科学系もアートも含めて両刃の剣である。そこまで一般化した言い方をしてもいいのではないかと思われる。たとえば情報技術の分野で，それを効果的に利用して人類社会のために有益に利用してもらいたいと思って研究開発を続けていても，同じ技術，たとえば**ユビキタスコンピューティング**の技術，今風に言うならIoT(Internet of Things)を悪用し，**オーウェル**（George Orwell 1903-1950）の『1984』のように人類社会に有害な統制国家を築いてしまうことも不可能ではないと思われる。リーフェンシュタールの映像編集技術がナチズムに悪用された例は既に述べたとおりである。

　僕自身はどちらかというと悲観主義的な人間で，ユートピア

(utopia)よりも，その反対のディストピア(dystopia)のことを考えがちである。それには僕自身の性格も関係していると思うが，それと併せて，ネガティブな予想をしていた方が，結果が少しでも良かった場合にはそれなりに喜ばしいことになる，と考えるからだ。当然，結果を少しでもよくするための技術開発を心がけねばならないが，そうした努力を忘れて素朴に楽観主義を信奉したり公言したりすることには，研究者の社会的責任という点でいささか疑問に思うところがある。

　たとえば情報処理技術の分野では，最近，**カーツワイル**(Ray Kurzweil 1948-)が指摘したシンギュラリティ（技術的特異点）が2045年頃に起きるだろうという話が広まっている。要するに，加速度的に進歩を続ける人工知能の技術が，いずれは人間の知能を超えてしまうだろうという話である。その際，考えておかねばならない点は，シンギュラリティ問題は，チェスや将棋で人間と一対一の勝負をして，どっちが勝つかという話とは異なる。コンピュータが人間と同等の知能を持ったとして，コンピュータはネットワークの力を使い，人類の暮らす社会の全体をくるんでしまう。要するにコンピュータと人間は対等な立場にはならないのだ。もちろん，自由意志の問題とか，感情や感性の問題とか，どこまでコンピュータで実現できるか不明な点もあるが，人類のなかのごく少数の悪意がコンピュータを利用する意志となることも考えられる。そうした不幸な結果をもたらさないための予防措置，ないしは矯正措置を行うためのカウンター技術の開発も併せて進めなければならないと考えている。

　僕の偏見かもしれないが，どちらかというと理工系の人たちの間には多少なりとも楽観主義の傾向があるような気がしている。いや文系，社会系が皆ペシミストである，などと過剰な一般化をするつもりはないが，ともかく有能な研究者が過度な楽観主義に陥らないように祈るばかりである。

第3部

研究者の生き方

第2部では，研究者のあり方として，研究という枠組みに関連した諸概念をとりあげた。この第3部では，人間である研究者がその研究生活の中でどのように生きて行くべきかについての随想を書くことにする。

1. 研究への入り口

　研究や研究者という概念がどういう意味をもち，関連する概念とどのような関係にあるかについては，付録を参照していただきたいが，ここでは「研究」を，"問題を整理し，それを解決するために情報を集め，分析し，結果として体系的な知識を得ること"として話を進めたい。いいかえると，それは必ずしもしかつめらしい顔をして行うことではなく，一種の快楽を感じようとして行われる人間の行為であるともいえる。未知のことが少しでも分かった時，たいていの人はうれしさを感じるものだ。これまで存在していなかった仕組みを具体的に作り出せた時にも，人はうれしさを感じる。研究を続けようという気持ちは，表現は良くないかもしれないが，そうした快楽の虜になることともいえる。

　しかし，いささかの余裕が感じられる快楽指向的な気持ちと同時に，何かを解き明かしたい，何かを作り出したいという強い決意やモチベーションもなければならない。一番強い心地よさを感じられるのはゴールインした時であり，それまでの間は，むしろ苦悩や煩悶に苦しめられることも多い。それに打ち勝っていくための決意やモチベーションはとても大切なものだ。実際のところ，研究というのは結構"しんどい"生活なのだ。

1.1　なぜ研究したいのか

　研究という語にはちょっといいニュアンスがあるかもしれない。何かを研究しています，というと，世俗のことから離れた世界で人生を余裕で楽しんでいるような響きがあるかもしれない。しかし裏を返せば，それは現実に身を浸してしまうことを避け，世俗の汚れから逃れてしまっているという逃避的なニュアンスに響くかもしれない。

　周囲の人からは，よくそんなことをしていて生活が成り立つもんだと

か，我々とは別世界に生きているんだね，世の中きれい事ばかりじゃないのにね，頭のいい人は違うね，などと，いささかの羨望と嫉妬をこめた視線が投げかけられるかもしれない．

しかし研究という世界に入るのは，特別なことではない．入ってしまえば普通の生活とは違っているかもしれないが，入り口はそこにもここにもある．研究という世界に入りたいと思えば，そう決断し，あとは努力をしていけば，ということである．

誰でも自分のやりたいように生きてゆきたいだろう．ただし，それが研究であるという明確な目標を最初から持てる人はむしろ少ないのではないだろうか．そもそも研究生活というものがどんなものかが分かりにくいのだから．そして，現に研究をしている人たちでも，色々と迷っているうちに気がついたら現在のようになっていた，というケースは結構多いように思う．家業を継ぐとか，会社員になる，といった形で，事情もあって若い頃から自分の生き方に制約をはめてしまう人たちも多いが，そういう人たちでも，ある時，思い立って研究の世界に足を踏み入れることがあるだろう．自分の生き方を考えたとき，そこには多様な選択肢がある．研究者もその一つに過ぎない．画家や音楽家の場合のように若い頃から特定のスキルを身につけておく必要のあることもあるが，考えることを続けてゆけば研究者への道は開ける．

そうした点を，以下に，理解したい気持ち，未知の世界に入りたい気持ち，自分を高めたい気持ち，何かを作りたいという気持ちに分けて，もう少し詳しく語ってみよう．そして，その前に，もやもやとした人生における判断保留状態，いうなれば**モラトリアム**（moratorium）という状態について触れておくことにしよう．

1.1.1 判断留保

高校や大学の学生であることを終え，社会にでる時期になると，それでよいのだろうかという疑念の湧くことがある．すべての学生がそうであるのではなく，多くの学生は，就職するのが当然とい

う考えから積極的に就職活動を始める。そうした周囲を眺めつつ，ちょっと周囲から置いてきぼりを食ったような気持ちがしつつ，それでも何かその一歩が踏み出せず，躊躇してしまう人がいる。そして，もう少し考えていたい。考えることで，自分にとって一番適切な道が見えてくるかもしれない，と思うことがある。こうした状態を"モラトリアム"という。責任や義務を背負い込むことに躊躇いを感じ，もう少し自由なままでいたい，と思う状態だ。もちろんすべての研究者がこうしたモラトリアム状態を経験しているわけではなく，大学生の段階から明確な目標を持って研究生活を指向し，大学院に入り，学位を取ったりして研究者の道をずんずんと進んでゆく人たちもいる。

　数値的な証拠はないが，モラトリアム状態に入るのは，どちらかというと文系，特に文学部の人間に多いような気がする。彼らは，就職を考えたら文学部などに入るのは不利であることを承知のうえで大学に来ているわけで，就職に躊躇する気持ちが強いのは，むしろ当然かもしれない。しかし結果的に文学部の学生だけが研究者になるわけではない。他の学部の学生，経済学部も法学部も理学部も工学部も，どこからでも研究者は生まれてくる。医学部や看護学部の場合は，それぞれの方向での臨床的実務を志して入学してくるケースも多いだろうが，ともかくモラトリアムという判断保留状態に陥ってしまう学生がいることは確かだ。

　モラトリアムを続けてゆくのに一番よいのは大学院に入ることだ。そうすれば学生という身分を継続することができる。博士課程前期を経て，後期に入り，それで学位を取れば大方研究者への道を選択することになるが，学位をとらず単位取得満期退学をして研究生という状態で大学に居続けることもある。もっとも最近では学位をとっても就職口がなくて苦労する人が多い。その後，また研究生という身分になって，モラトリアム状態を続けることもある。もう一つのパターンは，仮の就職をしてしまうことだ。企業にとっては迷惑な話だが，就職をした後も最終的な決断は留保し，そこで悩み，モラトリアム社会人とし

て最終的な決断を熟考する。

　しかし，その状態をずっと継続していくことはできない。大学院に入っても，いつまでも親がかりではいられないし，アルバイトで食いつないでいるわけにもいかない。企業に就職していれば，生半可な気持ちで仕事を続けて行くわけにもいかない。そんなわけで，モラトリアム状態の人間もある時点で自己決断をする。それは仮の決断であるかもしれないが，研究を選ぶか，就職で頑張るか，実家に戻るか，といった選択肢の中から何かを選ぶ。それはモラトリアム状態で熟考した結果かもしれないし，エイヤッという思い切りかもしれない。

　この段階で，実家が裕福である学生は幸福だ。深く悩む必要もなく，何となくモラトリアムを継続していくことが不可能ではないからだ。しかし多くの人たちはそうではない。モラトリアムの中で決断をし，研究への道を歩むことを決めなければならない。性格の不一致があるかもしれないが，指導教員とも円滑な人間関係を築いていかなければならない。そして研究者としての就職を目指すことになる。

1.1.2　知りたい，という気持ち

　さて，研究に魅了された人たちにとって共通していることは，知的な作業，たとえば何かを知る，理解するということを指向する強い気持ちだ。

　好奇心は大抵の人がもっている。ただ，これは「奇」であることに対して興味や関心を抱くことだから，多少表面的な部分に惹かれてしまう可能性も意味している。世界各地に未知の土地が数多く存在した時代には，未知のもののもつ「奇」の魅惑が人々を世界各地への探検に駆り出し，探検の時代を作り出した。また，そうした探検によって新たな資源や動植物，香辛料などが発見されたり，新たな文化との接触が行われたりした。現在でも，海外に観光旅行にでかける人たちの多くは，それに近い気持ちから旅行をしているが，それは当人にとって未知のことを知るという快楽指向的な体験ではあるものの，研究とは

別のものである。

　本格的でなく大規模でもない好奇心は，我々の日常生活にたくさん見い出すことができる。河原で面白い形や綺麗な色の石を探すのも好奇心だし，交差点や駅における人の流れ方を面白いと思うのも好奇心，朝顔の蔓が時計回りかその反対かに興味を持つのも好奇心である。そうしたナイーブな好奇心の多くは子供たちが抱くものであり，既に学問的には解決されてしまっていることが多い。

　こうした好奇心でなく，苦悩や問題意識が研究の出発点になることもある。なぜ我々はこのような状況に置かれなければならないのか，なぜ我々はこうしたことをしてしまうのか，なぜ世の中がもっとよいものにならないのかといったことを理解し，現状を変えてゆきたいという気持ちを持つことも研究の出発点になる。好奇心の場合は対象物に焦点を置くのに対し，こちらの場合は自分自身に焦点が置かれているという違いがある。ただ，問題の理解が進んでいない点，未だ知られていないという点は好奇心の場合と同様であり，問題は理解できた，あとは実践があるだけだ，と考えてしまう場合は，研究活動ではなく実践活動となる。

　未だ知られていないこと，未だ理解できていないことを未知のままに済ませておいても気にならないという人がいる。自分には関係ないから，という言い方もよく聞かれる。また反対に，すべてを知ろうとしても，人生は有限だからどだい無理な話。必要なことだけを知ればいいんじゃない，という言い方も耳にする。たしかに有限な人生のなかで，何にでも興味をもってすべてを知ってしまおうとするのは無理である。しかし，多数の未知な事柄の中で，未知のままに済ませてはおけないものに目をとめた人は，研究への歩みを踏み出したといえるだろう。

　こうした未知への志向性は，たしかに研究にもつながるが，スタートとしてはまず先人の残したものを学ぶことになる。学習である。過去の人知の蓄積を無視した研究はありえない。ただ，人類の遺産は膨大

であり,そのすべてを学習するには人生は短すぎる。そこに専門という枠を設定することが必要となる。専門というのは,なにも他のことを考えてはいけないという制約ではない。ただ,それぞれの専門領域の先端に到達し,そこに自分なりの貢献をしようとするには,ある程度研究の範囲を限定した方がいい,ということである。もちろん,有限な時間を幅広い知識の習得に充てることも可能なわけで,薄く広い知識を得て活躍している人も多いが,多くの場合,それはジャーナリスティックなものとなり,研究とは方向を異にした活動をすることになる。

　研究者を栗の実に巣くう虫に喩えるなら,人類の歴史は長く知識の集積は膨大であるとはいっても高々栗の実ひとつにすぎない。栗では小さすぎるというならリンゴでも象の死骸でも何でもいい。中身を食べつつ移動していくといつかその皮の部分に達する。その外側は人類全体としても未知の領域であり,そこでさらに先に進もうとすると,それは学問の世界における研究となる。そこで重要なのは前傾的な姿勢,前に進んでいこうとする姿勢である。自分が到達した地点に居座っているのでは学者ではあっても研究者ではなく,研究者は常に前を志向して進んで行く人である。

1.1.3　未知の世界に入りたい,という気持ち

　人類が蓄積してきた知識を学ぶための社会的な制度が教育であり,その典型的な場が学校である。ただし,初等教育から中等教育を経て高等教育に至るその段階は,基本的には研究者を作り出すことを目的にしてはいない。むしろ適切な常識を持った社会人を作り出すためのものといえる。

　教育を受ける場合は義務教育の段階を経て高等教育に至るのだが,そこで行われている教育は,ほとんどの場合,残念ながら生徒や学生が持っている知的好奇心を満足させるものになっていない。ひとつには,人類の遺産が膨大で,まずはその一部を生徒や学生に詰

め込むことが必要だからということが理由になるし，まだ方向性の固まっていない若い段階で各自の知的関心のままに進ませると，幅の狭い知識を持った人間を作ることになってしまうからということもその理由になる．

ただ，教え方の問題として，大半は"そうなのである"ことを教えているだけである．さらに進んで，なぜ"そうなのか"を考えさせる教え方は多少やられているものの，なぜ"そうでなくはないのか"といった考え方の教育が十分になされていないのは事実であり，残念なことである．特に"そうでなくはない"理由が納得できるように教育することは，教師にとっては大変に負荷の大きい仕事にはなるが，研究者を育成するためには欠かせないことだ．しかし，現実には"そうなのである"ことを教える形の教育が多く，その結果として，大学生になっても正解を求めてしまう安直な発想が幅をきかせる現状になっており，懐疑する心という，特に研究者にとって重要な性向が育成されなくなっている．

未知の世界を開拓するというのは，アメリカ人が西へ西へとフロンティアを求めて開拓を続けたような単純なものではない．西に進まなくても自分の足下を見据えるだけで，自分の頭上を仰ぎ見るだけで，そして自分の内面を省みることで十分にできることなのだ．

1.1.4 自分を高めたい，という気持ち

心理学に**自己効力感**（self-efficacy）という概念がある．これは，自分の力を効果的に働かせることができるという信念のことで，心理学的健康さに関係し，また自尊心とも関係の深い概念である．この自己効力感を高めるには，それなりの努力も必要であり，またその信念を持てることによって，さらに難しい課題に向かってポジティブに進んでゆけることにもなる．自己効力感を高めようとすることは，自分を高めようとすることであり，それは自分を肯定的に受け止められることにつながる．

もちろん自分に対するポジティブな評価を持てず，自分は駄目な人間だと思っている人もいるし，誰でも時にはそうした気持ちになることがある。しかし，たとえ小さなものでも成功体験を持つことにより，人は自分の気持ちの方向を変える機会を持つことになる。

　この自己効力感は，いわゆる優等生には特に強く作用している。自分で努力をし，その結果としてポジティブな外的評価を得，それが自己自身への高評価につながるという連鎖を反復していると，コンスタントに右肩上がりの気持ちの高揚を感じることができるようになる。しかし生徒や学生のように，外的な評価が自己評価の基本になりやすい状況では，まだ十分に成熟しているとはいえない。自分で自分に対する評価基準を設定し，それに関して徐々に高い自己評価を得ることができるようになれば，時に他人からは否定的な評価を得ても，自己を律して自己の領域を守り，自尊心を維持していくことができる。

　研究者になった暁にも，挫折の体験は数多くやってくる。それにめげずに自分の信念を貫いて研究を続行しようとする人は，そうした自律的な自己効力感のメカニズムを内化した人だといえる。これが強すぎたり，周囲との摩擦が大きくなったりすると，社会的には問題を起こすことになるし，実際，そうした研究者もいる。そうした場合に役にたつのは，高い自己効力感と同時に，社会的な対人スキルを持つことである。周囲の人たちとそれなりに円滑な人間関係を構築しつつも，自己の信念を曲げず，自分の自己効力感の導く方向に研究を進めてゆけることが望ましい。逆に，対人スキルが低い場合には，周囲との摩擦を起こしてしまうこともあるが，自分の研究環境を守らねば自分のやりたい研究ができないという自覚をもって，それなりの社会的スキルを獲得するように努めるべきだろう。

1.1.5 何かを作りたい，という気持ち

　何かを作りたいという気持ちは工学やデザインの分野の研究者に特に関係することだが，一般的にも人間は何かを作り出すことに喜びを

感じる。場面は違うが，子供を作り，育てることに対するポジティブな気持ちも，それと同じ心的プロセスによるものだと思う。ともかく，何かを作るのは，模型工作であっても，刺繍であっても，人間に楽しさを与えてくれる。それと同じ精神的プロセスが研究の世界では，何か新しいものを作ろう，あるいは見出そうとすることにつながってゆく。

　人間は，特に今までになかった新しいものに惹かれる。商品の買換え需要も，そうした心的プロセスから発生するもので，とにかく目新しいものはそれだけで人間にとっては価値がある。そうした新奇性や新規性を，単にできあいのものから選ぶだけでなく，自分の力で作り出すことができれば，それはさらに強い喜びにつながる。

　なお，何かを作るといっても，そこには幾つかの動機があるはずだ。自己表現もその一つだし，世の中の役にたつものを作りたいという社会貢献的な気持ちもその一つである。自己表現はアーティストだけのものではない。研究を通して，そこに自分を表現したい，自分ならではの研究をしたい，と考えている研究者もいる。他方，世の中の役にたつものを作りたいというのは，必ずしも世の中に対する奉仕ということではなく，特に企業の場合はその組織自体が営利を目的としているので，具体的には，インパクトのあるものを作りたい，売れるものを作りたい，あるいは使えるものを作りたいという形をとることが多い。

　そうした創作体験は，小さなものでもそれが連続することによって徐々に自己実現につながってゆく。もちろん自分にとって，また他人にとっても意義の大きなものが作れれば，それはさらに大きな自己実現につながる。こうした気持ちは，研究，特に開発という仕事に関連して経験されるものだが，それ以外の領域の研究者でも，論文の執筆とか，理論構築といった場面では同様な経験をするものだと思う。

　ただ，僕自身の体験では，作り上げるまでは，それが完了した状態を夢見て一心不乱に努力を続けるが，できあがってしまうと強い満足感が感じられるのはほんのわずかな時間であり，むしろその後に一種の虚脱感を感じることが多い。しかし，だから作るなんて空しいこと

だ，とは思わない。しばらくすれば，また新たに挑戦すべき課題が見えてくるのだ。

1.2 何を研究したいのか

　研究をしたいというライフスタイルに憧れていても，何を研究したらよいのかが分からない状態がある。自分のやりたいことを研究すればいいではないか，やりたいことがないのであれば研究などしなければよいではないか，というのは正論である。しかし，実際には，研究したいと思っていたことが既に先人によって研究されており，それを研究テーマにすることができない場合がある。反対に，興味の対象が分散してしまっており，いろいろなテーマに目移りしてしまって一つに絞りきれない場合もある。あるいは，どのテーマも興味深そうに見えるのだが，それぞれに難度が高すぎて究明に至れる自信が持てないという場合もある。また，研究指導者やチームリーダーからテーマ提案に否定的な意見を言われてしまい，どうしていいか分からなくなるような場合もある。

1.2.1 研究指導

　研究者は，ほとんどの場合，単独で研究するわけではなく，組織のなかで研究活動を行う。だから，上に述べたようなケースは，その研究体制や指導体制の問題でもある。組織に入ったばかりの研究者は，研究者の卵であり，たとえ学位を持っていたとしても，自力で研究テーマを構築することが困難な場合が起こりうる。研究経験の長い指導者から見れば，初心者の設定した研究テーマは穴だらけのことが多いだろう。それを見たときの対応は，その指導者の考えやパーソナリティによって異なる。欠点があるという理由で全面的に否定する人もいるだろうし，何らかのよい点を見つけてそれを伸ばすように指導する人もいるだろう。そして，どのような指導者に出会うかは運だ。研

究者だけでなく，人生はこうした運によって左右される。だからネガティブな状況にいることを自覚したら，それでも頑張っていくか，それを拒否してそこを去るかを決断しなければならない。ただし，運が悪かったからといって，すぐにその場を離れてしまうのは勿体ないことが多い。機器環境や，同僚など，自分にとってまだ有益な資産は多く残されていることが多いからだ。それもなければ，そこを去るに越したことはないが，多くの場合，しばらく我慢していれば人事異動などがあって，その嫌な指導者とは離れられることが多いものだ。ともかく研究者は一般に癖の強い，よく言えば個性的な人間が多い。研究者の卵もそうだし，研究指導者もそうである。だから，そこに通常の職場のような円滑な人間関係を期待するのは案外困難なことである。

1.2.2 方向性と粒度

研究テーマの設定には，**方向性**と**粒度**が関係する。企業研究者なら方向性は上から与えられることがほとんどだから，悩むとすれば，それが自分にとって関心がないテーマの場合が多いだろう。大学や研究所などで，自分でテーマ設定ができる場合には，先に述べたような状況が発生しうる。

さて，ここでは特にテーマの粒度ということについて触れたい。学生を指導していて感じることだが，やりたいテーマについて話をさせると，ライフワークのようなビッグテーマを持ち出されることが結構多い。それは確かに重要だ，しかし，所定の年限でそのテーマについて解明しつくすことができると思うか，と問うと，しばしば返ってくるのは，かなり浅いレベルでそのテーマを扱おうとするような回答だ。雑誌の評論や新聞記事ならそれでいいかもしれないが，研究となったら深みが大切だ。テーマの表面を浅くなぞるような形では研究にはならない。多くの要因の複雑で重層的な絡み合いを整理してこそ，また様々な視点からの批判に耐えてこそ，研究といえるのだ。

だからライフワークのようなテーマは，それこそ生涯のテーマとして

残しておきなさい，と指導することになる。テーマの粒度を下げなさい，ということだ。そうすると，それじゃあどうやって何に取り組んだらいいのか分かりません，という答が返ってくることもある。あまりに安直な反応に驚かされることもあるが，指導すべき立場からはそうも言っていられない。そういう場合には，いろいろな対応の仕方があるが，そのひとつは，まずその卵さんの提示したテーマについて，小さな粒度に分解をしてみせる。そのテーマのなかには，たとえば，こういう問題もあれば，こうした問題もある，ということ，つまりテーマの可能性を示すことによって，研究テーマの粒度という概念を教える。そこで分解されたテーマにすぐ飛びつく卵さんもいるが，そのようにあまりに受け身的な態度を見せられると，これは研究者として育つのは無理だな，という感想を抱いてしまう。テーマに対する受動的な態度は，その従順さという点では企業研究者に向いているようにも思えるが，結局のところ，能動性が欠落している人は，企業であっても大学であっても，研究者としての適性を備えているとはいえない。

　僕は，このようにしてテーマの分解を試みなさい，そしてその中のどの部分に関心があるのかを内省しなさい，さらに，その部分について考えて，研究としてどのような発展の可能性があるかを考えなさい，といったような形で，その後しばらくは本人の自主性に任せるようにしている。

1.2.3　研究テーマの誕生

　ここでは自分の経験を書くことにしよう。どのようにして僕の研究テーマが誕生してきたか，ということである。これには大別して二つのパターンがあった。既存の研究をベースにしてそれに自分のフレーバーを加えた場合と，新規に思いついて頭のなかで作り上げた場合とである。

　僕のやった研究で，既存の研究をベースにしたものには，**カード**(Stuart Card 1946-) 達のKey Stroke Modelが単一操作場面に

関わるものであることから，それを複数操作場面に拡張し，並列的なモデルにしてDual Task Modelとして提唱したものがある。これはちょうどカーナビの開発をしている時に思いついたのだが，カーナビの操作というのは運転操作の合間にやることがある。そうした場面については自動車工業会の作ったガイドラインもあったが，実際にどの程度の複雑さまで許容されるのかをモデル的に予測評価したくて構成したものである。

またニールセン (Jakob Nielsen 1957-) のヒューリスティック評価法（HEMと勝手に略していた）の効率アップと有効さの向上を目指してsHEM (structured Heuristic Evaluation Method) を提案したことがある。これは，実際にHEMを使っていると，問題点の摘出に時間を掛ける割には問題点がうまく摘出できないことがあった。そこで，評価セッションを複数のサブセッションに分割し，人間工学的な問題点，認知工学的な問題点のようにサブセッションごとに異なる視点を割り付けることにより，評価者の注意のスパンをコントロールし，結果的に効率化を図ろうとしたものである。

最近では，UXの評価測定に関するUXカーブの手法をもとにして提案したUXグラフがある。UXカーブは，横軸に時間，縦軸に満足度などの評価指標を割り当てた用紙に，最初にカーブを描かせ，それから利用した人工物に関するイベントを書かせて行き，次いでイベントをカーブにプロットするものだった。しかし，そもそもイベントが頭に浮かばないのに経験のカーブが描けるものだろうかという素朴な疑問があったし，我々が製品改良などで知りたいのはむしろ個別のイベントの方なのではないかということから，施行順序を入れ換えて，まずイベントをテキストで記入させ，それが終わってから，記入されたイベント情報に基づいてカーブを描かせるようにしたものである。点を描いてからカーブを描くという手順はまさにグラフの描き方であることから，名前もUXグラフと変更した。これは新領域を拓いたというよりは，ちょっとした改善である。

それから、最近あちこちで紹介している品質特性に関する構造図も過去の研究を集約し、そこに自分なりの考えを付加したものである。当初、僕はユーザビリティの研究をしており、その後UXという概念とつきあうようになったのだが、どうも両者の関係がすっきりせず、イライラとしていた。ISO13407が改訂されてISO9241-210が登場したが、そこでは人間中心設計はUX"にも適用できる"的な扱いになっていて、ユーザビリティとの関連性が明示されていなかった。そこで、過去のユーザビリティに関する考え方とUXに関する考え方、さらには**ハッセンツァール**（Marc Hassenzahl 1969-）が主張している感性的属性（hedonic attributes）の考えを参考にして感性に関連した考え方を取込み、ベースとしてISO/IEC25010の枠組みを使うことによって自分なりに納得できる図式を作成するに至ったものである。

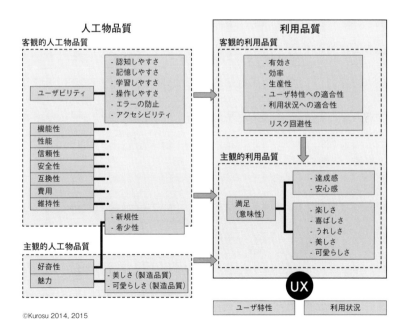

図2 品質特性に関する構造図

このように改良型のアプローチは，まず従来の考え方に対する不満があり，それを解決するために考案する，というパターンが基本である。

　これに対し，テーマを新規に思いつくアプローチとしては，僕の場合，少しばかり世界に知られるようになった**見かけのユーザビリティ**(apparent usability) の研究がある。これはデザイン研究所に在職するようになってからデザイナー諸氏の活動を見ていると，どうも格好良さや美しさという審美的な側面が重視されており，一体ユーザビリティはどこにあるのか，と思うことが多かった。そんな経験がベースになっている。そこで，そもそも美しさとユーザビリティの関係はどうなっているのか，という素朴な疑問から実験状況を構成し，実験をしてみたら新しい発見があった。それを，使いやすそうに見えるデザインは実際に使いやすいとは限らない，という意味で見かけのユーザビリティと呼ぶことにしたものである。

　また最近，**人工物進化学**(Artifact Evolution Theory) と改称した**人工物発達学** (Artifact Development Analysis) は，世の中にはいろいろな人工物が作られているんだなあ，という日常的で素朴な気づきがベースになっている。そこには歴史的な経緯や民族や文化による変異があり，人間の生活において，人工物は様々な変化を遂げてきているのだということに気がついた。洗濯機やアイロンのことなどを考え，歴史的な変遷を頭のなかで描いてみて，その確信は深まった。

　さらに，昔からあるものは，本当に人間にとって必要なものだから存在し続けてきたのではないか，ということにも気がつき，あらためて現在の製品開発を見てみた。すると，新規性を追求するあまり，必ずしも必要ではないものも結構作られているな，という気づきもあった。これらの気づきをまとめる概念として意味性 (significance) という概念を考え，人工物の進化は意味のある方向に向かってゆき，意味性の低いものは淘汰されてゆく，という仮説を提示するに至った。人工

物にはさまざまの種類があり，歴史的にも民族学的にも多様性があるので，とても自分一人では整理しきれないが，考え方の大枠としては正しいのではないかと考えている。

このように僕の場合，新規なテーマは，自分の日常生活や周囲の事物，まわりの人たちの行動をながめ，それがどういうことかを考える，という着想に出発点があることが多いように思う。

この二つのアプローチはあくまでも僕の個人的なものではあるが，おそらく多くの研究分野に共通するところがあるのではないかと考えている。

1.2.4 境界領域

境界領域は，文字通り既存の研究領域の辺縁に位置している。そして多くの場合，他の研究領域の辺縁と重なっている。ある意味では海千山千の世界であり，別な見方をすれば研究のフロンティアでもある。

僕か専門としているヒューマンインタフェースという研究領域は，現在では大きな国際会議も複数あるし，国内でも学会や研究組織が整備されるようになって，それなりの位置を獲得するようになったが，元々は**境界領域**のひとつだった。欧米でよく使われるHCI (Human Computer Interaction)，つまり人間とコンピュータとの相互作用という言い方をした場合には，コンピュータサイエンスが大きなベースとなり，それに心理学や人間工学，デザインやアート，経営学や人類学等々が重畳した領域を意味している。ただ僕は，コンピュータに絞るよりも人工物全体に拡張した方がいいと考え，HAI (Human Artifact Interaction) という言い方を好んでいる。

ともかく，時々研究仲間と話しをするのだが，ヒューマンインタフェースという領域のコアは何だろうという疑問はいまだに残されている。たとえばそこから派生したバーチャルリアリティ (virtual reality) などはコアとなるコンセプトも明確だし専門の学会組織もで

きているのだが，改めて考えると，さて母体であったはずのヒューマンインタフェースって何なのだろう，という疑問が沸いてくるのだ。単なる関連領域の寄せ集めにすぎないのか，それとも若干のコアになる研究をもとに発展してきた漠然とした領域なのかはっきりしない。インタフェースにおける相互作用場面に特に着目したユーザビリティ研究がコアなのか，いろいろと考えることはできるのだが，どの考え方もいま一つである。時として境界領域にはこうしたことが起こりうるのだと思う。ただ，学会などの形で組織化ができてしまうと，いったん形成された組織はなかなか解体されることがないのが人間社会の常だから，それなりに残存していくことにはなるのだろう。

　これとは反対に揺籃期にある境界領域にはそれなりの苦労がある。僕の場合でいえば自分で提唱している人工物進化学がそれに該当する。そのコアコンセプトは意味性であり，応用場面は人工物の進化を時間軸に関して外挿した新製品の企画開発であり，関連領域としては比較文化学や文化人類学，民俗学，歴史学，そしてユーザビリティ工学などであるから，その点では比較的スタンスは明確であると思っている。しかしながら最大の問題は，それに賛同してくれる人たち，共同で研究をやりましょうといってくれる人たちがでてこないことだ。自分ではそれなりに納得している研究領域なのに，なぜ人々が寄ってこないのだろう。どこかに大きな考え落ちがあるのかもしれない。そんな不安がしばしば胸のなかをよぎる。いや，まだ体系化が不十分だし，本も出していないし，知らない人が多いだけなのかもしれないし，と自分に都合のいい解釈をしてみることにしているのだが，こうしたことは新規な境界領域特有の問題なのかもしれない。

　新規な境界領域を樹立するためには，関連した複合的な領域をそれなりに体得しておく必要はあり，その負担が大きいこともあるだろう。ただ，学位取得のことを考えると，大学院で五年間研究して学位を取って，まあそれなりに一人前の研究者の顔ができるのであれば，元々の専門領域ではなかったにせよ五年程度みっちりと勉強すれば，

それなりの顔をして情報発信をしてもいいという理屈にはなるだろう。

　重要な点は，境界領域は，単なる共同研究とは異なることだ。境界領域のなかに伝統を重んじる旧弊な研究領域が含まれる場合，なかなか新規領域として確立することは難しくなる。そうした場合，まずは共同研究で，ということになりやすいが，共同研究というのは，それぞれのスタンスを明確にして特定のテーマについて各々のスタンスから取り組むことであり，融合的に各人が垣根を取っ払って取り組むという境界領域とはいささか異なる点がある。国から予算をもらった大規模プロジェクトの共同研究成果報告書などを読むと，それぞれの章が内容的に相互に関連しておらず，あとは読者の解釈にお任せする，というようなものもよく見受けられる。これでは境界領域を形成することは困難だろうし，そのための努力も空しいものになってしまうだろう。

1.3 制約

　研究は，孤高の研究者でない限り，社会という場のなかで行われる社会的活動のひとつである。そのために，社会的枠組みによる制約があったり，研究以外の活動への参加が必要になったりすることもある。

1.3.1 社会的枠組みへの準拠

　研究という活動は基本的に楽しい。苦しいことも多いけれど全般的には楽しいものだ。しかし，研究活動は作業とは異なる。作業は所与の目標を達成すればそれで完了だが，研究はそうではない。作業の場合，それが辛い場合もあるし，それをやっていれば楽しいという場合もあるが，いずれにせよ，与えられた，また時には自分で設定した目標に向け，継続的な努力を行えばよい。研究の場合にもデータの収集や整理のような作業が含まれているが，そうしたデータの収集や整理の

段階だけでなく，着想やその展開の仕方にも，そして，得られた結果を概念化したりする場合にも，分野固有の方法や論理の組み立て方という枠組みがある。それを無視したり，そこから逸脱したりしたものは，新規な方法を提案する挑戦的研究でない限り，学会という研究者の社会的組織において基本的には受容されない。

　研究という活動は，別に企業や大学に所属しない研究者の場合であっても，研究者の構成する社会において受容されることが基本になる。多くの場合，研究者の構成する社会は学会という形態をとるが，学会ごとに，提示された内容を研究成果として認めるか否かという基準ができている。現在，学会と名の付く組織は相当数あり，それらの間には内容的重複も多く見受けられる。中には，猿山の大将になりたいという動機のために小規模な学会を作り，存続させているようなケースもある。しかし，それよりも既存の学会では認められにくい新しい考え方を掲げて，同志が集まって新たな学会を作るということの方が多い。この学会という社会的組織の存在については，また改めて書くことにするが，ともかく研究は社会的活動として行われており，良くも悪くも，その研究が関連する社会で容認されないとなかなか陽の目を見ることがない。

　なお，企業で行われている研究の場合，なかなか外部発表，つまり学会への発表をさせてもらえないこともある。それは社会的組織としての企業においては，その研究がそれなりの内部基準によって評価されているということを意味している。新規な知見や成果が得られた場合，一般には，その内容が特許化されるまで，あるいはそこで得られた内容を使って新しい製品がリリースされるまで，外部への発表が止められることも多い。特に，ノウハウに属するものの場合には外部発表は困難なことが多い。また一部には，着想に関わる研究の場合，そうした研究をその企業で行っているということが知られるとまずい，という理由から，長期にわたって外部発表ができないこともある。このあたりの基準は企業によって異なっており，それこそ企業風土に

よって違っている．反対に，まだ完成していない技術を外部への話題提供という戦略で，意図的に外部にリークしてしまうケースもある．ともかく，企業に勤めている研究者においては，自分のやっていることがあくまでも企業という社会的組織の活動を構成しているのだという自覚が求められることになる．

1.3.2 理想と現実

どの世界にも理想と現実のギャップがある．研究に関する現実として理解しておかねばならない第一の点は，研究者だからといって研究ばかりしてはいられない，ということである．企業や大学という組織の中で研究することが多い研究者は，それらの組織が組織として存続し，発展するための活動に参加することを求められる．もちろん優れた研究成果をあげることは，その組織にとって望ましいものではあるが，それ以外にも研究管理に関する業務やコミュニティ性の向上に関する業務などが色々とある．

たとえば企業では，士気高揚のため職場消防隊が組織されていて，他のメンバーが研究業務に携わっている就業時間中に消防訓練をしている，というようなことがある．また **4S活動**といって，**整理，整頓，清潔，清掃**という4つのSに関する作業，端的にいえば大掃除のようなものだが，それを毎月やったりもする．研究活動においても，あまりに基礎的なテーマを提案すると，そういうことは大学の先生にやってもらえばよい，と言われて，研究させてもらえないこともある．

また大学でも，近年の少子化によって受験生が減少しているため，既に書いたように，高校巡りやラベル貼りをさせられることもある．大半の大学では，研究業務より教育業務が優先されるので，研究は教育や学務を行った残りの時間でやるように求められることが多い．先に，企業の研究者が「そういうことは大学の先生にやってもらえばよい」と言われるケースを述べたが，実際の大学にはなかなかそうした余裕もなく，結果的にそうした研究は宙に浮いてしまうことにもなり

かねないのが実情である。

　それでは，国の所轄の研究所や財団法人となっている研究所はどうかというと，そこにも様々な制約がある。たしかに国の所轄の研究所は，民間企業の研究所よりは研究に注力できる時間が多いが，研究テーマの設定に政策が反映されてしまうこともあり，やりたい研究ができるとは限らない。また財団法人は，どこも財政難に苦しんでおり，企業などからの委託研究で凌いでいる状況で，自分のやりたいテーマを研究する時間はわずかしかないということもある。

　ともかくやりたいことだけ研究していればよいという天国のような研究環境はまず存在しない，と考えた方がいい。こうした現実については，その組織に入った時点では分からないことも多いが，それぞれの組織における活動の実態については，先輩に聞くなどして確認しておく必要があるだろう。

　ただ，人間というのは面白いもので，自分から提案した研究テーマでないことを担当させられても，それをやっているうちに面白くなり，その研究を進めることに意義を感じてきたりすることがある。ただし，そうだからといって，最初から雛鳥のように口をあけて待っていれば餌が与えられるわけでもない。自主性や積極性，そして，協調性や順応性という二つの特性群の微妙なバランスが社会人として求められるのである。

2. 研究者としてのライフスパン

　研究者はいきなりできるものではない。そうなるまでの地道な努力が必要であり、その努力を積み重ねているうちに、自分が研究者に向いているのかどうかを判断することもできるようになる。

2.1　初等中等教育の段階

　小中学校の段階では、まだあまり自分の進路を考えてはいないし、自分の適性についても自覚は薄い。その段階では経験の幅が狭いから、その狭い経験のなかで、たとえば電車が好きだから運転士になるとか、歌がうまいから歌手になることを決めるようなことはあまりないだろうし、していてもその後に大きく変わることが多い。ともかく小中学校の段階で職業選択をしようとしても、まだまだ選択肢がどれほどあるかについての知識が乏しい。

　だから、小中学校の段階では、基礎的な勉強をきちんと積むことが大切だ。小中学校で学んだことは、ほとんどすべて実社会にでてからも役に立つことばかりなのだから。

　最近は、中卒だけで社会へ出る人は少なくなり、高等学校に進む人が多い。中卒でもよい仕事をしている人、たとえば職人さんなどはいるのだから、それはそれで頑張ることが大切だが、研究者の道とはちょっと異なる。研究者になるためには、やはり高等教育は必要だし、そのための前段階としての高等学校での教育や学習は重要なものになる。

　ただ、ここで問題になるのが文系か理系かという実に大ざっぱな区別である。僕は、大学は専攻も決めずにほぼ全入とし、大学課程のなかで進路選択や学生の絞り込みを行い、卒業は厳しくするのがよいのではないかと思っているが、実際はそうなっていない。どうしてそんな

風に考えるかというと，高校の段階で，人生を大きく理系と文系に2分してしまうような選択が本当に可能なのか疑問に思うからだ。

にもかかわらず，高等学校では，たいてい進学の方向を理系と文系に分けて指導を行っている。これは受験科目との関係が強く，簡単にいえば数学の得意な学生と数学の不得手な学生を選別しているに過ぎない。しかし，いわゆる理工系でも数学をほとんど必要としない分野もあるし，文系でも数学を必要とする分野もある。僕などは，数学嫌いのために文系を選び，文学部に入って心理学を学んだが，そこで改めて統計学や線形代数などを勉強することになった。

もう一つ，高等学校の段階で，学生がどれほど職業の多様性を理解しているかも考えるべきである。小中学校よりは世の中の仕組みが分かってきているとはいえ，したがって身近に見られる警察官や消防士，飛行機のパイロットなどという夢は消えて，もう少し現実的になってきていることが多いが，まだまだどのような職業があるかについては分かっていない。いわんや研究者という仕事のイメージは，白衣を着て試験管をいじっているような姿や資料に囲まれてコンピュータをいじっているような姿に毛の生えたものだろう。したがって，この段階で進路を確定させることは不適切だと思っている。もちろん高等教育で，文系の学部から工学系の大学院に進むとか，その逆のようなパターンがありうるから，現状でもそうした流動性がある程度は確保されているといえる。

2.2 高等教育の段階

大学教育の位置づけは，昔，といっても戦前から戦後のある時期までと，現在とでは大きく違ってきている。大学全入などという言い方がされるようになり，大学の数も膨大になってきた現在，むしろ大学では学生不足に悩まされ，受験倍率が1.0を切るケースも珍しくない。母集団である18歳前後の人口が一定，というよりはむしろ減少しはじ

めているのだが，その多くが大学に行くとすれば，人数が減った分だけ平均値としての大学生のレベルダウンは避けられないし，仕方なくレベルの低い学生を受け入れている大学も多くなっている。

　僕の知人で，ある大学の教員をしていた方が，年賀状に「低学力・低意欲，無責任，"やらない"にたっぷりと驚かされ，本当に疲れましたので，早期退職し，やり残した仕事をまとめようと思っています」と書いてきたことがある。むべなるかな，と思った。現在，大学は受験体制によって階層化されており，受験生の実力によってかなり"きれいに"層別化されてしまっている。そのため，昔だったら大学生とは考えられないレベルの若者が大学生になってしまっている。レベルが高ければ，それなりの学力をもち，それなりの意欲をもち，それなりに努力をしてきたと考えられるが，レベルが低い場合には，大方，その反対になってしまっている。要するに知的水準だけでなく，それを形成するための基礎的な行動パターンにも違いが出てきているのだ。

　そうした学生に対しても，ある程度の質の高い教育を施そうと，教員の側は，大学教育の**質保証**とか**FD**（Faculty Development）といった活動を熱心に行って（あるいは，行わされて）いるが，ある程度以上のレベルの学生でなければ効果が出にくいのが実態だと思う。

　もちろん，こうした状況の大学のなかで研究者を目指そうとして頑張っている学生もいる。ただ，必ずしも最優秀な学生とは限らない。優秀な学生は，官僚をめざしたり，企業で実力を発揮しようと考えたり，起業しようとしたりすることも多い。ただ，それはそれで結構なことだし，仕方ないだろう。現世的な魅力は，それが権力志向であっても経済志向であっても，人を動かす大きな動因となるのはいつの時代でも同じことだからである。大学生であるうちに，一生のキャリアプランを考え，中高年になって後悔しない生き方を考える機会を提供する必要はあるだろう。"人間は死ぬために生きている"という言い方があるが，いつかやってくる人生の終末で，後悔するとはどういうことか，後悔しないためには何をすべきなのかを学生たちに考えさせることは，

教科教育以上に大学において教えられるべきことではないかと思う。いや，それは教えるというよりは，考える機会を提供することと言った方が正確だろう。

2.3 研究者としてのコンピタンス

研究者として生きていこうとするために，どのようなコンピタンス（専門的能力）を身につけておくべきかを教え，考えさせることは，大学におけるもう一つの教育課題といえるだろう。

2.3.1 頭の良さ

研究者の要件としてまず求められるのは頭の良さである。この点が十分でない場合には，特別な技能があったりする場合を除き，残念ながら研究補助員にはなれても研究者としてテーマを任せられることはない。ただし，稀に，研究補助員が重要な点に着眼し，そこから研究の突破口が開ける，といったケースもある。だから研究補助員に回されたからといって腐るのではなく，それぞれの立場において努力を重ねていくことが重要である。

頭の良さというのは多面的な特性である。いわゆる知能指数的に優れた人は，研究者にもいるが，たとえばキャリア官僚の中にも大勢いる。府省のキャリア官僚のなかでも若手の課長補佐の諸氏に会うと，いつもその優秀さには驚かされる。彼らはあちこちの府省を巡るように配置されており，一定期間を経ると新たな仕事に着手させられることになるようだが，その理解力がすごい。新たな領域を担当させられた最初の1, 2ヶ月はちょっとピント外れなことを言っていても，じきに各研究分野の最先端の課題を理解し，何が重要で，何が問題なのかを研究者と議論できるようになってしまう。ただし，彼らは研究者ではない。それは，どちらが上でどちらが下かという話ではなく，各人の生き方における関心のあり方の違いによるものだ。官僚にかぎら

ず，博識な人は，いわゆる研究者以外にも存在するが，それと研究者の違いについては付録に述べるとおりである。

そうしたことから考えると，研究者には"ある程度"以上のレベルの知能は必要だが，それ以上に，研究者たろうとする動機付けや姿勢が必要だということになるだろう。

2.3.2 抽象化の能力

一般的な知能水準は基本的に重要な特性だが，研究者の場合には，知的能力において特に抽象化の能力が求められる。抽象化は，具体的な事柄のなかから重要な概念や性質を抽出して把握することである。辞書には，「或る側面・性質を抽き離して把握する」とあり，「他の側面・性質を排除する」捨象と対比的に表現される（いずれも『広辞苑』による）が，既に明白になっている諸要素のなかから適切なものを取り出す，というだけでは，研究における抽象化を言い尽くせていない。研究においては，それは概念化を伴う知的活動であり，一段階上の視点から対象を見るといったニュアンスも含まれている。

こうした概念化を行うためには，必然的に洞察力，つまり見通しを得る能力も求められる。こうした抽象化を行わないと，たとえばデータはいつまで経ってもデータのままでしかなく，知的な前進を行うことができない。

また，抽象化は，物事を対象化する作業ともいえ，具体的なデータの山に埋もれかけている時に対象化を行うと，それは眼前のものとなり，対象として分析や比較検討という処理が行えるようになる。その意味では，頭のなかでモヤモヤしていることを命名することや，数式で表現してみること，スケッチやポンチ絵を描いてみることなどは，抽象化によって対象化を達成しようとする作業といえる。

また，特に数式化や図式化は，一つの概念の抽象化ではなく，関係性の抽象化であり対象化でもある。いいかえれば，論理的な関係を読み取り，それを対象化する知的能力であるといえる。このように，

抽象化は研究において本質的な重要性を持っている知的特性である。

なお，経験科学においては，こうした抽象化の作業が理論構築に際して特に重要になるが，数学など理工学においては，抽象的なレベルでの論理展開能力も必要になる。文系の人間，たとえば心理学を専攻している学生が，必要になって線形代数や統計学を学ぼうとするときには，数式による表現をいちいち具体的な事例に換言して理解しようとすることもあるが，抽象的な論理展開能力を持っている理工系の学生は，特にそうした作業を必要としないことが多い。

2.3.3 性格特性

性格特性でいうと，まず動機付けを持続させられることが一番大切だと思う。そもそも自分がどうして研究者を志したのかを自覚し，その目標に向かって絶えず努力をすることが必要だ。研究を続けていると，しょっちゅう困難なことにぶつかる。予算や設備が十分でない，組織の方針が変わった，同僚たちとうまくやってゆけない，実験や調査の結果が期待したとおりにならない，他の仕事の負荷が大きすぎて研究に集中できない，等々である。こうしたことにめげず，努力をつづけるには，研究に対する動機付けの強さ，そしてそれを支える粘り強さが大切だ。こうした特性を心理学では達成動機と言っていて，何かを成し遂げようとする強い気持ちのことである。現在の心理学ではあまり使われていない意志という概念だが，そうした動機付けのことを意志と呼んでもいいだろう。

また，**対人折衝能力**も必要になる。研究というものはラボにこもっているだけでできるのではない。上長の理解を得るためにも，予算を取るにしても，同僚と円滑な関係を結ぶためにも，社会的な成熟とそれにもとづく対人折衝力は重要な特性だ。こうした特性は本人のパーソナリティと関係が強いが，必要とあれば自分の性格を行動面から変えてゆこうとする努力も必要になる。たとえば，いつも人に突っかかるような言い方をする人は，次第に周囲との間に溝ができてしまう。そ

れに気がついたとき，自分の行動パターンを反省し，表情や言葉遣い，話をするタイミングなどの技術を身につけることで，最初は外面的に自己改造をすることができる。そして，そうした自己改造の努力が実を結ぶと，それが心理的報酬となってよい循環が生まれ，外面だけでなく内面的にも自分を変えてゆくことができるようになる。このように，まずは自分の性格特性や行動特性をきちんと把握し，適切な社会的関係を結べるように**ソーシャルスキル**を磨いておくことが大切である。

ただ，ソーシャルスキルを磨いておいてもあまり役に立たないこともある。それは上長なり同僚の性格による。権威主義的な人間，意地の悪い人間，上に媚びる性格の人間などは，いつの時代にも，どの社会にも存在している厄介な輩である。同僚ならまだしも，それが上長になった時には，そういう連中とはできるだけ関わりを持たずに済むように自分の居場所を確保するに越したことはない。広く言えば，そういうことをやっていけるかどうかもソーシャルスキルの一つである。

2.3.4 批判精神

批判精神というのは単純に知的能力ともいえないし，単純に性格特性ともいえない。強いて言えば精神的傾性とでもいうことになるだろう。批判すべき対象を見い出す点では知的能力といえるが，それに対して積極的に立ち向かうという点では性格特性ともいえるものである。その点では，あら探しをするような態度とも異なるし，単なる攻撃性とも異なっている。対象に対して厳しい判断の眼を向け，それを的確に指摘し，さらにどのように対処すべきかを考えてゆく態度が批判精神である。

2.3.5 洞察力

知的特性では，一般的知能のほかに，**洞察力**も重要な特性だ。"データの裏を読む"という言い方があるが，一見，期待に反したデータが得られても，それがどうしてかを考え，どのパラメータに問題があ

るのかを考え，あるいはそもそも想定していた仮定自体の問題を考えることが必要だ．そうした時，問題を表面的に捉えるのではなく，その本質的な理解をすることができるようになり，新たな切り口を見つけることができるようになる．

共感性や感受性というものは，性格特性に含めてもよいのだが，対人的な洞察力に関係している．だからそれらを一種の能力と見なしてもよいだろう．

一般的な洞察力は文系理系を問わずに必要とされるものであり，前述したように，いわば眼光が紙背に徹する水準ということになる．時にそれはデータの読み方でもあるし，他人がどのように感じ，考えるかを想像できることでもある．

たとえば法曹の分野はロジックで割り切れるものではないだろう．法律や過去の判例をもとに判決が下されることは多いが，そこには判事としての洞察力にもとづく裁量があるはずで，そこに関係者の人格や状況などを思いやる心がなければならない．心理学を専攻する場合には，共感性や感受性といった対人的洞察力の低い人は，本来，あまり向いているとは言えないだろう．

2.3.6 英語

どんなに努力してでも身につけておくべきは英語の力である．いまや英語は世界中で共通言語となっている．いや，それは少し言いすぎで，南欧諸国や中南米などではスペイン語などのラテン系の言語が未だに力をもっていることもあるが，少なくとも研究者が活躍する舞台となる欧米で，そしてそれらの地で開催される学会では，ほとんどの場合，英語が共通語となっている．

最近は少し状況が変化してきたが，以前の英語教育は高校でも大学でも読解とちょっとの和文英訳が基本だった．もちろん，それは悪いことではない．ただ，気になるのは明治維新の時代でもあるまいし，未だに英語の文献が貴重なもので，それを理解することがまず大切

だ, とでもいった姿勢である。自ら研究成果を発信するのでなく, 海外の学説を移入することが (特に文系の) 学問の基本であった時代はもう過去のものだろう。もちろん独善的になることは戒めるべきだが, いまや, 自分から自分の考えを自分の言葉で発信できるようになることが必須である。そのためには**口語のコミュニケーション能力**と**英語**での作文能力がぜひとも必要になる。

国際会議にでかけていっても, そこで発表される内容を拝聴し, 新しいネタを探すという姿勢が, まだまだ根強く残っている。むしろ, 外国人から質問を投げかけられたり, 外国人から研究を引用されたりするようになることを目指すべきなのだ。そして, その時の自己表現能力としての会話力, そして日常のメールのやりとりや論文執筆でも有効になる作文能力。この二つは必須といえる。先に「もちろん」と書いたように, 英文読解能力は大前提である。ただ, 自分の領域に関係のない, たとえば小説や随筆を読破できる能力は, 特定の分野でしか役に立たない。

英語に慣れるためには, 学校教育だけでは十分とはいえない。たとえば英語の字幕 (subtitle) を表示してDVDやBDを見るとか, 好きな曲の歌詞を聴き取りしてみる, などの勉強方法もよいだろう。経験的には, 映画の場合, 最初に解説記事を読んだり日本語字幕で見て内容を把握しておく, そしてもう一度, 今度は英語字幕を出して見る。できることなら3度目に字幕なしで見てみる, というやり方がよいように思う。僕自身, 正直に言えばここまで丁寧にやったことは数えるほどしかないが, 印象としてとても良かったとは思っている。ただし, あまり映画の内容は楽しめない。ともかく映画の場合は状況がシナリオという形で提示されているので, 文脈に即した理解を深めることができる。もう1つ, **メール**でのやりとりも有効だ。もちろん, そのためには相手が必要だが, 最初は学会で発表者に質問をし, 名刺交換をして, メールでの連絡を始める, といったやり方がある。メールを英語で書くようにすると, 語彙も増えてゆくし, 相手からのメールで新しい

言い方や表現法を知ることもできるし，論文執筆に利用することもできる。

ただ，いつも不愉快に思うのは，国際会議で英語が共通語になっているからといって，英語を母語とするアメリカ人などが，英語が母語ではない人たちに対する配慮をせずに，日常的な表現を日常的なスピードでしゃべりまくる傾向がある点だ。特にアメリカに基礎を置く学会，たとえばコンピュータ系であれはACMとかIEEE Computer Societyなどの大会に参加する場合には，注意を払う必要がある。しかし臆することはない。こちらは英語は母語ではないんだから。

英語での学会予稿の執筆や論文執筆も大切だ。僕の経験では，これはもう慣れるしかないと思う。英語論文執筆のために英語による表現法を説明した本もあるが，それよりは欧米人の書いた論文を読む時，ただ内容を理解するだけでなく，英語表現のヒントも頂いてしまうという姿勢で臨むのがよいだろう。企業などでは提出前に英文チェックの入る仕組みになっていることがあるが，このチェックを行う人間は必ずしもその分野の専門家ではないので，注意も必要だ。また個人的な癖があることにも注意しておこう。過去に英文チェックを受けていた時期に，チェックを受けた修正原稿を別の人にチェックしてもらった。結果は修正の嵐となった。修正した箇所を再度修正されてしまったこともある。ともかく，最初のうちは，そうした英文チェックサービスを使ってもよいが，できるだけ自力で書き上げるようにしたい。査読の結果に，英語の品質が悪いと書かれてもガックリすることはない。それを動議付けとして，とにかく場数を踏んでいくことだ。

2.3.7 第二外国語の選び方

英語はともかくとして，第二外国語に何を選ぶのかもちょっとは重要である。会話力という意味では，近年活躍のめざましい中国の人たちを相手にすることを考えて中国語という選択もあるだろう。しかし，学会に来ているような中国人は英語の達者なことが多い。また，通用

する国が意外に多いという意味ではフランス語も悪くない。文献を読むという意味では，自分の専門領域や関心のある人物との関連性でそれを決めるのがよいだろう。

2.3.8 タッチタイピング

英語と同様に，何をおいても身につけておくべきことは，**タッチタイピング**のスキルである。タッチタイピングとはキーボード面を見ずに，目は画面を見ながら指の動きだけでタイピングをしていくことである。これが高速にできるか否かで，論文などの生産力は大きく左右される。

タッチタイピングを覚えていない人たちを見ると，人差し指タイピングをしてみたり，右手の指でキーボードの左側のキーを打ってみたり，ともかく色々なやり方をしている。何でもいいから打てるようになればいいではないか，という人はそれでも結構。しかし速く打ちたいなら，各キーに割り付けてある指の配置を覚えてしまうべきだ。僕の学生に対する教育経験では，若い人なら，毎日15分で2週間トレーニングをまじめにやれば，タッチタイピングができるようになる。

ローマ字タイプとカナタイプのどちらがいいかと聞かれると，個人的にはカナタイプを推奨したい。一文字一打鍵で済むからだ。ただ，ローマ字タイプでは，利用するキーの範囲が狭いので，それでも相当なスピードまで到達することができる。タッチタイピングの要諦は，ともかくキーボードの盤面を見ないでタイプすることである。

2.3.9 コンピュータリテラシー

現在では，文系であってもコンピュータを利用することが多く，基本的なコンピュータリテラシーは大抵の研究者が備えているといえるだろう。ただ，一口にコンピュータリテラシーといっても，プログラミング能力，ネットワークの知識，ハードウェアの知識，アプリケーションの利用能力など，さまざまである。アプリケーションの利用については，最低でも，OSの基本操作，メーラ，ブラウザ，エディタ，それに

オフィスソフトの文書作成，表計算，プレゼンテーションソフトの使い方程度はマスターしておきたい。

なお，プレゼンテーションソフトについては，ソフトウェアの使い方を含めて，プレゼンテーション技術の基本を身につけておくことが望ましい。PPTの利用を禁止する動きが一部にあるが，それはグラフィック表現能力や簡潔に表現されたテキストをいかに増幅して話せるかというプレゼンテーション技術の問題であって，ツールが悪いわけではない。プレゼンテーション場面では，知覚心理学や認知心理学的なノウハウ，グラフィックデザインのノウハウが必要とされる。なお，プレゼンテーションについては，関係書籍が多く出版されているが，それらは必ずしも役に立つとは限らない。その多くはアカデミックプレゼンテーションではなく，ビジネスプレゼンテーションに関するものだからである。ビジネスの世界では，きちんとした内容の理解を指向するより，強い印象を与え，気持ちを同化させることを狙ってプレゼンテーションが行われる。これに対して，アカデミックプレゼンテーションでは，内容をきちんと伝達し，正しい理解をしてもらうことが求められるのである。

2.3.10 専門知識と社会常識

研究者にとって必須なのは，その専門とする領域における知識である。研究対象が膨大な領域に拡散したことにより各研究領域は細分化され，現代においては**ダビンチ**（Leonardo da Vinci 1452-1519）のような**万能人**（uomo universal）であることが困難となり，研究者は専門領域を持たざるを得なくなった。そうした専門領域に関する知識は研究者の場合も学者の場合も不可欠のものである。

専門知識といっても，中心領域というか，伝統的に学問の中心部になっている領域と，周辺領域ないし境界領域という，複数にまたがった領域とでは，その実態は異なる。特に後者では，必要に応じて関連領域の知識を吸収する必要がでてくるので，カバーすべき範囲はかな

り広いものになる。生物学に端を発する遺伝子学が，工学的な応用を目指して遺伝子工学という領域を作るように，近年，そうした複合化の傾向は強くなっている。たとえば僕が専門としているユーザ工学や経験工学では，ユーザビリティ工学，認知工学，人間工学，感性工学，マーケティング，品質工学，ヒューマンコンピュータインタラクションなどをはじめとして多数の関連領域がある。一度それらをリストアップしてみたことがあるが，30以上の領域に関連していた。そういうケースもあるが，ともかく軸足はどこかに置いた方がよい。僕の場合は，どうやら心理学がその軸足になっているようだが，その軸足をどこに置くかということが専門への取組み方を規定することになる。新規な領域を自分で提唱するのでないかぎり，その軸足は，既存の領域のどこかになる。

　他方，専門馬鹿という言葉，雲の上の人という言い方があるように，知識が専門知識に限定されており，一般的な常識に欠ける人たちも多い。それでも研究はできるのだからよいではないか，という理屈にも一理はある。しかし研究者も社会に生きる生活者である以上，ある程度の一般常識は持っているべきだ。この一般常識を備える程度は，分野にもよるが，その人のパーソナリティにも関係しているように思う。また幅広い関心や常識を持つことは，自分の生きている社会への関与度にも関係してくる。浮き世離れ，という言い方はまさにその点を突いており，浮き世との関連度は研究の成果がどこまで社会に浸透していけるか，あるいは社会的有用性を獲得できるか，ということにも関係している。

2.4 留学について

　以前は**フルブライト**の留学制度は，日本の学問的基盤を整備するのにきわめて有用であった。多くの優秀な人たちが，その支援を得てアメリカに渡った。ただ，そうした米国に依存した制度の結果として，研

究を進めるに当たっても米国を先進国と捉え，そこで評価を得ることに懸命になったり，そこで見つけた学説を日本に紹介し移入することを本務と勘違いしたりする人が増えてしまった。これは，米国のグローバリゼーション政策の成果と言えるかもしれないが，そこから脱却しようとする人が増えてこない原因にもなっている。反対に，外国で"受ける"ものが日本の独自性なのだ，というのも勘違いである可能性が高い。それはあくまでも異文化圏での日本文化の受容のされ方であって，日本の文化や学芸の基軸であるとは限らない。

　留学をひとつの異文化体験と考えた場合には，それはやはり推奨すべきものである。以前には，資産家の師弟が実家の支援を受けて遊学をすることもあった。**永井荷風**（1879-1959）のアメリカやフランスでの体験は，彼のその後の文筆活動に強い影響を与えており，余裕のある恵まれた人なら遊学も一つのやり方であるとは思うが，現在の多くの研究者には当てはまらないだろう。

　異文化体験には様々なメリットがある。自分の考えを外国語で表現しようと努力することは，思考が言語や背景文脈によって強く影響されていることを自覚させてくれるし，現地の人々と関わりを持つことによって，言語的コミュニケーションや非言語的コミュニケーションの意義を体験させてくれる。そうしたコミュニケーションの場を通して，現地に知人を沢山作ることは，その後の研究生活にとってもメリットが大きい。また，現地の言語で文献や書籍を速読できるようになることもメリットといえよう。その意味で，現地にある日本人コミュニティへの参入は，現地情報を得るには有効だが，そこに入り込みすぎると折角の現地体験の効果を下げてしまうことになる。必要最小限に留めるべきだろう。

　留学先の選定は，自分の専門領域に関して進歩の著しい地域にするのは当然であり，そうした結果としてアメリカを選ぶことが多くなるのは仕方ないことではある。ただ，欧州には欧州の良さ，そして長い歴史があり，欧州への留学も検討の価値があると思う。

僕自身は，残念なことに留学経験はなく，海外での長期滞在はオランダの大学で客員教授として教えた4ヶ月が最長になる。オランダは英語が普通に通じるので，結果的にオランダ語を習得することはできなかったが，そこでの異文化体験はやはり現在の自分の文化に関する視点を作りあげる上で有用だったと思う。研究や教育以外の面でも，たとえば屋内照明をつけず，蝋燭の光だけで取った夕食は，彼らの光と闇に対する感受性を実感させてくれた。日本のように車間を詰めて，隙さえあれば割り込んでくるような道路状況とは異なり，車間距離を開けて一般路やハイウェイを運転する車は，ある種の成熟した対人関係を感じさせた。1コマが45分で休憩が15分という授業システムは，人間の集中度の限界を理解した人間工学的なものであることを教えてくれた。これらは単なる事例であるが，たった4ヶ月でも色々と学ぶことが多かった。しかし，これは50歳の声を聞く年齢でやったことで，もっと若いうちに留学することができていれば，という後悔もある。

　ただ，たとえば大学に就職して助教になると，用務が多いため，なかなか自分から留学する機会はない。ただしサバティカルというシステムを備えている大学が多く，ある年齢に達すると半年から1年程度の海外留学のチャンスが巡ってくることが多い。こうした機会を活用するためにも，事前に海外の研究者とのネットワークを構築しておくのがよいだろう。また，学生のうちに留学するのも一つの方法だと思う。これは研究者としてではなく学生として留学することになるので，学生の視点から異国の文化や学問を見ることになる。それはそれでよいことだし，もしそこで学位を取れればさらによいことだ。実際，日立製作所時代の同僚で，イギリスに社費留学をして，そこで学位をとってしまった人もいた。

2.5　目標となる研究者の探索

　研究という大海に出ると，いろいろと不安なことも多い。そうした

時に役にたつのが**ロールモデル**（role model）となる人物を見つけることだ。自分の役割のモデル，つまり研究の進め方について，その人のようにやってゆけばいいだろう，という人物のことである。それは実際の人物でもいいし，歴史上の人物でもよい。ロールモデルを持つことは必須要件ではないにしろ，研究者としての生活の方向づけには役に立つ。

ただ，ロールモデルに対しては冷厳に望もう。いつまでも一つのモデルに固執することはない。モデルとなった人物でも，あらゆる面で模範になるわけではない。だから，役にたたなくなったと思ったら，つまりその人のやり方をいちおう習得したと思ったら，そのモデルを捨てるのがいい。そして次のモデルを探すとか，もう自分なりのやり方でやっていくかを決めるべきだ。

2.6 学位をとること

まず**学位**という概念だが，これは所定の課程を修了したことの証として付与される称号のことで，そのシステムには各国で違いがある。日本では，博士，修士，専門職学位，学士，短期大学士が学位に含まれているが，この節で述べる学位とは**博士号**のことである。

過去においては，博士号は，それまでの業績に対して与えられるものだったが，現在は，所定の研究能力を有していることの証として与えられるようになっている。2つの見方の端境期はコホート的にいうとちょうど僕の世代のあたりになる。そのためか，僕の年齢，現時点で60代以上の人には修士号しか持っていない大学教授なども結構いる。僕もその1人で，自分のキャリアのなかで特に必要性を感じる機会がなかったこともあり，博士論文を作成しなかった。ただ，こうしたことは例外と言うべきであって，現在では，博士号を保有することが大学教員になるための大前提となっている。いいかえれば，博士号を保有していないと，研究能力が疑われてしまうということである。大学教

員の公募の申請書を審査するときに，まず学位の有無をチェックし，学位が無ければ提出書類を見てももらえない，というケースもある。

また，大学は一義的には教育の場であり，さらには学位取得者の再生産の場でもある。学位の有無はそこにも関係する。新しい学部や学科ができるときには，設置審という場で各教員にランク付けをする。学生の論文指導や授業を担当できるのが「**まるごう**」つまり合格に○が付いているもので，次が合，つまり授業は担当できるが論文指導はできないというランクである。「まるごう」を取得するには学位の有無か，もしくはそれに相当する業績のあることが求められる。後者は，主に研究的ニュアンスの少ない専門領域，たとえばアートやデザインなどで運用されているようである。ちなみに博士号を持っていない僕が「まるごう」を取れたのは，たぶん研究実績の多さではないかと思っている。

2.6.1 学位をとる目的と意味

さて，何のために学位を取るかということだが，現在では，功利的に考えて，アカデミアにおいて研究職という職位を得るためである，と言っていいだろう。もちろん，自分の能力の優秀さを証明するものと考えてもいいし，アカデミアで生きていくための必要条件をクリアするためと考えてもいい。名と実の両方があると考えられるが，基本的には実の方に価値があると考えていいだろう。

名の方についていえば，国際会議でも，格式や伝統を重んじるところでは，肩書きとしての学位を重視する。ただ，実際の研究仲間の間では，わざわざDr. Hamanoとか言わず，ファーストネームを使ってHi, Fumio!というような言い方をすることがほとんどである。

ウェブサイトに関係者を紹介するときに，Dr. Taro InoueとMr. Jiro Tamuraでは与える印象が異なる。なお，職位としての教授職も評価の対象となるからDr. Muneo TanakaとProf. Toshio Watanabeが並ぶこともあるし，時にはProf. Dr. Kenichi Suzukiと書くようなこともある。ただし教授職には日本では定年があるから，

定年を過ぎると学位がなく，名誉教授になれない場合はただのMr.になってしまう。

また名刺に書くときにもTaro Inoue, Ph.D.と付いていると気分がよいだろう。また，企業の研究所やシンクタンクでは，学位取得者の数を競うことがある。それがその組織の水準の高さを示す，というように考えるからである。そういったあたりが名の部分だろう。なお，企業によっては，学位取得者を給与面で優遇したり，学位取得者の社内組織を作って他の社員との差別化を図ったりしているところもある。

ともかく学位を取ることは研究者となるための基本条件であるが，学位を取ったらそれですべてが完了というわけにはいかない。実際，学位は取ったものの，望むような職位が得られずに過ごしている所謂オーバードクターは相当数に上る。職位を得たにしても，日々の研鑽は必要であり，たとえば研究に必要な助成金を獲得することにも努力しなければならないし，日々の研究の成果を論文や学会発表，著書のような形で外部に公開することも必要になる。

なお，先に書いたことと矛盾するようだが，学位を取ったことは実際にはその人物の実践場面における有能さを保証するものではない。学位保有者は企業では使えないことが多く，むしろ修士（博士課程前期）卒業者の方が役に立つ，とはしばしば言われることである。学位は当該の専門領域における優秀さを示すものではあるが，必ずしも実践的，実務的な有能さを示すものではないからである。また自分の研究テーマが明確になってしまっている学位取得者は，自分のテーマとは異なった企業的なテーマに興味を持たないため業務へのモチベーションが高くならないこともある。

また，学位授与に関するレベル設定も大学による違いや学部による違い，あるいは専攻による違いや指導教員による違いがあったりする。そのように学位の"取りやすさ"にはバラツキがあり，時には，修士論文レベルのもので学位を与えてしまうことすらある。そういうバラツキがあることを知っている学生は，取りやすい大学，学部，専攻，指導

教員を選ぶこともあり，それがさらにその傾向を助長する結果となっている。僕は学位論文については，少なくともS,A,B,Cのような評価をつけ，それを公開すべきだと考えている。修士論文にはたいてい評価がつくのに，学位論文につかないのはおかしい，という理由からだ。

この点で優秀だといえる学位論文の例は，僕の知っている範囲では，**姜南圭氏**(現，公立はこだて未来大学)による『デザイン経験による製品の感性品質評価における特徴』(2007)や**澤井真代氏**(現，法政大学)による『石垣島川平の宗教儀礼——人・ことば・神』(2012 森話社刊)，**木戸彩恵氏**(現，立命館大学)による『化粧を語る・化粧で語る——社会・文化的文脈と個人の関係性』(2015 ナカニシヤ出版)などである(後二者は単行本としての書名)。もちろん，これは僕が知っている極めてわずかな事例に過ぎず，世の中には多数の優秀な学位論文があるはずだ。いずれにせよ，これらの論文は，明らかに修士論文とはレベルの異なる博士論文になっていると思う。ぜひ参照してみていただきたい。

なお，企業の採用担当者の立場に立てば，学位の有無だけでなく，どこで学位を取得したのか等を確認することも必要である。

2.6.2 学生としての学位取得

大学に残ることを考えているなら，博士課程を前期，後期と経て，学位を取得することが大前提になる。企業に就職することを考えていても，その職場が学位保有を重視している場合，あるいはキャリアパスとしていずれは大学に出ることを考えるような場合には，学位取得を目指した方がよい。

基本的には学部，博士課程前期，博士課程後期と，同一の大学でステップアップしてゆく学生が多いが，時には大学院入学の段階で他大学を目指す場合もある。学部での卒業研究で自分のやりたいことが明確になり，その研究を行うならどこの大学の誰の研究室に行くのがよい，と考えられるような場合である。新しい環境に適応していく

のは大変だが，結果的にはソーシャルスキルを磨くことにもつながると言える。

また，工学部に多い傾向があるが，学部生の面倒は前期課程の学生が見て，前期課程の学生の面倒は後期課程の学生が見る，というように組織的な研究生産体制を構築しているところもある。往々にして，そういう研究室では，後期課程の学生のテーマも教員の指示によって決定されることがある。大きなテーマで国家的な研究をやっているような場合にはやむを得ないこともあるが，そうした環境に入った場合には，研究者としての自主性や主体性を失わないよう，言われたとおりのことだけでなく，そうでない考え方もしてみる，といった努力が必要になるだろう。

2.6.3 社会人になってからの学位取得

社会人になってから**学位取得**をめざすケースが近年増加している。企業における人員構成はピラミッド型になっていて，上の職位ほど人数は少なくなっている。さらに，研究職の場合でも，上の職位に行くと，研究管理という業務を担当させられることが多くなる。あるいは研究職として入社しても，配置転換でたとえば企画職に回される場合もある。こうした場合，あくまでも研究を続行したいと考える場合には社外に出ることを検討してもよいだろう。自分の意に染まぬ仕事をするよりは，やりたいことをやっていきたいと考えるのはむしろ自然なことだからである。

ただ，社外に出る場合，大学を目指すことになれば，当然学位が必要になる。最近の大学への求職倍率は相当高くなっており，競争する相手は，ずっと大学にいて研究業績も積んでいる。かたや企業の場合には，必ずしも外部発表が奨励されないことがあり，また過去の業績が少ないこともある。そうした状況であれば，なおのこと学位を保有していることが重要になる。

在学中に学位を取ってしまった人の場合は，あとは研究業績の数と

質が問題になるわけだが、まだ学位を保有していない場合には、相当の苦労をして学位を取ることになる。その大変さは、学位を取るためにそれまでの仕事から退職してしまう人もいるほどである。

　在職しながら学位を取る場合、業務内容と関連したテーマで研究を行えれば理想的ともいえるが、ちょっと注意も必要である。企業の研究テーマは時代の流れによって変化する。だから上長の理解が得られて研究をスタートし、会社の研究をベースにして学会誌に論文を出すことができても、突然の社内テーマの変更によって、以後はそのテーマで研究ができなくなってしまう場合がある。そうなった場合には、土日の家族サービスを犠牲にしてでも論文執筆に注力することになる。しかし、企業にある研究機材などが研究遂行に必要な場合には、それを私的目的に使うことができないためお手上げになってしまう。その意味では、企業で行っているのとは異なる内容で、自分の私的環境のなかで研究できるようなテーマを設定した方がいいとも言える。

　しかし、それにしても仕事をしながら残り時間で研究を仕上げて論文にまとめるのは、それこそ血反吐を吐くような苦労を必要とする。文字通り、胃潰瘍になってしまった人もいる。土日や帰宅後の時間を充てるにしても、それでは休息の時間が取れないことになる。企業における休日は、休養をしてその後の仕事のための鋭気を養うために設定されている。だから、厳しくいえば企業勤務の本分を全うしていないことにすらなる。実際、社会人学生で学位取得を目指している人には脱落するケースが多い。そのことを予想して、数年の間貯金に励み、退職し、時にはアルバイトをしながら学位取得を目指す人もいる。学位取得が保証されているわけではないし、その後の仕事が確保できているわけでもないから、危ない綱渡りではあるのだが、その覚悟のほどは賞賛に値する。もちろん大学の側にも、学費の分納など、厳しい状況におかれている学生に配慮したシステムはあるが、こうした可能性を考えると、学生時代に自分のキャリアプランを真剣に検討しておくことが重要だといえる。

2.6.4 学位を取得するための障壁

学位審査には，**予備審査**と**本審査**があるが，予備審査は何回落ちても構わない反面，本審査は一発勝負で，それで落とされたらもう駄目という場合があれば，大学によっては本審査を複数回やってくれる場合もある。また予備審査なしでいきなり本審査という場合もある。また，予備審査は概要だけで，論文は予備審査合格後，本審査までに執筆するという場合と，予備審査の段階から論文が必要な場合とがある。ともかく，これは大学によって，さらには研究科によって異なっているのが現状なので，自分の志望する研究科について事前に調べておくべきだろう。

また，研究指導をしてくれる教員との相性というものも結構関係してくる。指導教員と反りが合わないと，日常の研究遂行にも障害となるため，教員選定では，領域が適合しているかだけでなく，性格的に合うかどうかを見極めておくことが望ましい。入学してから相性の悪いことが判明した場合には，指導教員を変更するという手段もある。ともかく，指導もしてくれず，予備審査も出させてくれないような場合には，これはアカデミックハラスメントといえるので，ハラスメント委員会のような場に問題提起するのがよい。現在は，パワハラやセクハラを含めて，大抵の大学にハラスメント委員会のような組織ができているはずである。某国立大学で，論文を審査に出すことを二度も拒絶されて学生が自殺したという不幸な事件があったが，相性の悪い場合には遠慮せずに行動すべきだろう。

審査委員会のメンバー選定も結果を左右するものだけに影響は大きい。審査委員の専門性もさることながら，その性格パターンも強く影響するため，好意的な指導教員は，学生と相談しながら審査委員を選んだりすることがある。審査委員会には，指導教員が入る場合と入らない場合があり，後者の場合には，好意的な指導教員であれば結果をポジティブな方向に引っ張ってくれる可能性があるが，人によっては反対方向に作用してしまう場合もある。ただ，審査委員会というの

は論文の質を吟味するのが本来の仕事だから，故意に学生が苦手とする教員を外すようなことがあってはならない．特に委員会全体の領域適合性が問われるような編成の仕方，つまり当該領域の専門家が含まれないような編成にするようなことは論外である．

誰がみても優秀と思える論文もあれば，合格線ギリギリというケースもある．いいかえれば，学位論文は本来，合否で考えるべきではなく，そのレベルも評価されるべきものなのだ．ともかくも合格してしまえば「勝ち」ではあるが，自分の論文の水準について謙虚な姿勢でそれを見つめる視線が大切である．

2.7 研究者入門の段階

晴れて研究職に就けた場合，喜んでばかりはいられない．まずは新しい環境への適応を試みなければならない．

まず研究室が付与されるが，企業の場合にはもちろん相部屋になるし，大学でも若い時期には相部屋であることが多い．中には教授ですら相部屋の場合もある．これは当人のパーソナリティにもよるが，いつも誰かに監視されているような気がして結構苦痛になることがある．僕はこれがしんどくて，企業の研究所に入った当初は，退勤時刻が待ち遠しく，また日中は大型計算機の端末室（現在はパソコンなのでそうしたこともできないだろうが）や図書室，実験室などにこもっていることが多かった．反対に休日出勤をすると，誰もいない部屋でのびのびと研究作業ができるので気持ちが良かった．もちろん大学に就職して個室が付与されれば，それはもう天国である．自分の好きなようにレイアウトをして，ゆったりとした気持ちで研究に集中できる．

そんなことはどうでもいいと思われるかもしれないが，どのような設備があるか，その利用方法はどうなっているか，その管理責任はどうなっているか，などについてきちんと把握しておく必要がある．事務に関わる諸手続についてもマスターしておきたい．

次は人間関係の構築と研究テーマの設定である。

2.7.1　周囲の人々から学ぶこと

新しく同僚や上司となった人たちは，自分と同等か，あるいはそれ以上に優秀な人たちであると考え，礼を失することなく円滑なコミュニケーションを目指すべきである。企業でも大学でも，自分と専門領域の近い人が多いはずだから，その意味では**ライバル**ともなるのだが，まずは穏当につきあいを始めよう。

そのうちに，個々の個性や能力が分かってくるが，基本的には誰でも何かしら自分にとって役に立つことを知っていたり，出来たりするのだと考え，それらの人々からそれを吸収するように努めよう。特に考え方のユニークな人がいれば，そうした人を考え方のロールモデルとして，そのノウハウを吸収しよう。

2.7.2　若さ故の無謀さと大胆さ

新米研究者の場合，時に余計な手出しをして熱い思いをしてしまうこともある。しかし，それは反省材料とするだけでなく，その失敗をプラス思考でオリジナルな着想のポケットに入れておくようにしたい。そうした無謀さや大胆さは，無知故の失敗であるにせよ，新米としての良さも同時に備えているのだということを自覚する必要がある。研究者であっても，環境に染まると発想や手順が知らず知らずにルーチン化されてしまっていることが多い。そのルーチンを確立することも必要な場合が多いが，同時にルーチンに囚われない新鮮さを維持し続けることも重要である。言い換えれば，自分の良さを再確認するということになる。そしてそれを増幅することが，多くの場合，周囲の期待に応えることにもなるのだ。

2.8 研究者としての段階

研究者として自立した段階では，テーマ設定と遂行を担当し，またその結果に責任を負わされることになる。この段階では，大学であれば助教や准教授は教授により，また企業であれば研究管理者からの指導や評価をうける。ただし現在の大学は，基本的には昔の小講座制ではなく，どの教授に付くといったことのない大講座制を取っている。

小講座制というのは，ある講座，つまり課題領域について，教授の下に，助教授（現在は准教授），講師と助手（現在は研究をする助教と研究を補助する助手に分かれている）がいて，助教授は文字通り，教授の研究を助け，助手は文字通りそれを手助けするという縦割りの体制だった。同じテーマを研究する人たちが集まっているので研究を進めやすいという利点はあったが，反面，教授が権力者となってしまう構図であったことや，講座の目的から外れた新規の研究領域への拡張が困難であることなど，弊害も多かった。また助教授（准教授）から教授への昇進は，教授の定年を待たなければならないという場合があり，職位が本人の実力を反映しないという欠点もあった。そこで導入されたのが大講座制であり，学部や学科が全体として一つの単位となった。そこでは，助教授あるいは准教授は特定の教授に付いてその研究をサポートするものではなく，単に職位の階層として二段目に位置しているという位置づけになった。そのため，運用によっては，助教授や准教授が教授の意見を批判することも可能になり，空気の通りが良くなったとはいえる。

企業の場合には，むしろ研究室や研究ユニットを単位とした小講座制に近いシステムが取られており，自己裁量の余地はそれほど大きくない。研究領域にもよるが，企業の場合でも，成果を社会的にアピールすることが企業メリットになると考えられる場合には，そうした活動が後押しされることになる。ただし，あくまでも企業の一員として，そ

の企業の顔になって発言することになるため，発言内容が事前審査を受けたり，広報担当者が取材の場に同席したりすることもある。

2.8.1　よき友人を見つけること

　研究者として重要なことは社内外によい友人を持つことだろうと思う。社内はもちろんなのだが，学会などで知り合った社外の友人は，それが大学人であろうと企業人であろうと，視野を広げてくれたり，よい発想のヒントを与えられたり，苦労話を共有したり，他の職場の業務条件と自分の場合を比較したりすることができ，色々な面でプラスになることが多い。もちろん肝心の研究内容の微妙な部分は話をすることができないが，こういう場では結構キーポイントになる情報が相互に伝達されてしまうこともある。企業の研究管理者の立場からすれば好ましくないことになるのだろうが，研究者本人にとってはなかなか得難い関係になるし，研究者としてのモチベーションを高めるためにはむしろよいことだともいえる。近年は，転職をする人も増えてきているが，こうした社外の人間関係を構築しておくことは，大学に出るにせよ，他企業に転職するにせよ，何らかの形でプラスになることが多い。

2.8.2　人的ネットワークとコラボレーション

　友人というほどの関係でなくても，同じテーマや関係するテーマで研究している人たちとの**ネットワーク**を広く持つことは有意義である。学会の全国大会や年次大会，研究発表会，講演会などがあれば，可能なかぎり参加するのがいいだろう。最初のうちは状況がよく分からないだろうが，そのうちに学会ごとの個性の違いやレベルの違いも見えてくる。ただし，折角参加するのであれば，出来るだけ自分でも発表するようにすべきだ。口頭発表であれば発表時間が終わってから，ポスター発表であればその場で名刺交換をし，また単に名刺を受け取るだけでなく，その人と自分との間にどのようなプラスの関係が築けるかを判断するように試みる。その判断結果を後で名刺に書いておくと

よい。こうすることで，自分にプラスになる人的ネットワークを広げることができる。名刺交換はしたけど，関係性が不明瞭だという人は忘れてしまっても構わない。

なお，似たようなネットワーク作りの場に異業種交流会というものもあるが，それは基本，ビジネスチャンスを探している人たちの集まりで，一般に研究者として得るところは少ない。ただし，大学の研究者で，自分の研究をもっと活用してもらいたいと考える場合には，それなりの意義はあるだろう。

そうした関係をつくりあげることができ，△△のテーマであれば○○の□□さんがいる，というような認識を関係者の間に持ってもらえるようになれば，大学において科研費などの助成金申請をする時や共同研究をスタートさせる時にも有用だし，府省の委員会などにも声がかかるようになり，さらに濃密なネットワークを作り上げられるようになる。

企業研究者の場合，企業のなかで適切に生き抜いてゆくことができるようになることは重要だが，できれば個人として日本全体のなかでスタンスを明示できるようにするのがよいと思う。もちろん，企業の中で階段を登り詰め，定年まで企業での生活をつづけたい，という意向を持つかどうかは個人個人の判断である。

2.8.3 研究成果

研究者とは，たしかに研究をする人という意味なのだが，研究活動をするだけでなく，その結果を内部資料（大学なら紀要など，企業なら研究報告書）にまとめたり，**特許化**を検討し，さらに外部発表（学会発表や論文，講演など）をすべきである。

内部資料のうち，大学の紀要については学外での評価は一般に低いのだが，学内で自分の存在や研究内容を知ってもらうという意味では，たまには執筆するのがよいだろう。企業の研究報告書はオブリゲーションとなっていることが多く，年度内に一つも執筆しないと査定

に響く場合がある．また，研究報告書や特許の執筆が，企業の場合には外部発表を許可してもらうための条件になっている場合が多い．特許の執筆には固有の書き方があるのでそれに応じた練習が必要である．論文については大学院時代からその執筆スタイルなどは習得しているはずだが，大学院にいる間に特許を執筆することは少ない．特許にはクレーム（請求範囲）や実施例などを書くが，特にクレームの部分は慎重を要するもので，ちょっと独特な文体で権利を主張する範囲を可能な限り広く取るようにしなければならない．また，必要に応じて複数に分割して執筆することもある．これには慣れも必要だが，特許部とか知的財産本部という担当部署の人に相談しながら，書き方を覚えてゆく必要がある．

外部発表には，まず**査読付き論文**がある．この査読というプロセスについてはその妥当性が問題にされることもあり，実際，複数の査読者の間で評価が大幅に異なることもある．その意味では，どのような査読者が担当することになるかという運も関係してくるが，理想論を言えば，査読者全員が無条件掲載と判断するような質の高い論文を書くことを目指すべきである．若手や中堅の研究者は，少なくとも年に一つくらいは査読付き論文を筆頭著者の形で執筆すべきだ．筆頭著者というのは，実質的にその論文を執筆した人のことである．その後に続く名前に入るのも構わないが，それが多数あっても評価されるポイントは低くなることが多い．査読付きの国際会議の場合も同様で，年に一回くらいは発表者となるのが望ましい．ただ，近年は企業の業績不振から海外への出張が制限されていることが多く，そうした場合にはやむを得ず論文執筆を行うことになる．

また，どのような論文誌や国際会議に発表するかも重要なポイントである．雑誌も国際会議も実に多くのものがあり，どこに出すかで迷うこともあるが，いわゆる定評のある著名なものであれば問題はないだろう．そういう学会や論文誌には提出する人が多く，結果的に採択率が低くなるから質が高いと認定されることになる．そこが無理そうであ

れば，積極的には推奨できないが，次善の策として，ある程度名前は知られているが，ランクはちょっと低くなるような論文誌や国際会議を狙うという手もある。しかし，名前も知られておらずランクも分からないようなものは避けるべきである。たとえ掲載されても執筆の労力が無駄になるだけだからだ。既に書いたScopusやScience Citation Indexが重要になってくるかは，こうした場合のことである。

　なお，企業から大学に移ろうとする場合には業績が審査されるが，工学系の大学では査読付きの国際会議への発表を査読付きの論文誌の発表と同じようにカウントしてくれる場合がある。これは，工学系では，できるだけ速い研究成果の発表が求められるにもかかわらず，一般に論文誌の査読には時間がかかり，提出してから掲載されるまでに半年や1年，時には1年以上のディレイが生じることから，論文も書くが著名な国際会議にまず報告しておこうというケースが多くなるという事情による。反対に，文系では査読付きであっても，学会発表は学会発表としてしかカウントされないことが多い。そのかわり，文系では論文誌の種類が少ないこともあって，紀要に掲載された論文を論文誌の論文と同等に扱う場合もある。ただ，こうしたことは内部情報なので外部からは確認のしようがない。

2.8.4 教育と教職歴

　大学の研究者は，第一義的には**教員**であるため，1コマ90分として週に何コマかの授業を担当することになる。この講義の負担は，準備時間や成績評価などの時間も加えるとかなり大きなものである。たとえば成績評価についていえば，100人以上が受講している講義の評価をレポートで行うとしたら，その評価だけで相当の時間を要することになる。その他に指導している学生のためのゼミがある。また負担としては教授会や研究科会議，教務委員会や学生委員会，その他のなんたら委員会などなどがあって，いわゆる夏期や冬期休暇（ただし時期のきまった休暇があるわけではなく，適宜取ることになるし，工

学系では学生の実験が行われているため，たいてい大学に出ていることになる），あるいは春の一時期（入試や成績処理が終わった後の比較的短期間）以外は，ほぼそれで時間を使い尽くしてしまう。そうした理由から研究重視の教員は，できるだけこうした負担が軽い職場に移ろうとする。実際，担当する授業のコマ数は，大学によってかなり違うし，給与も歩合制ではないため，授業数が少なくても多くても給与には変わりはないのが普通である。

ただ，学生の教育には喜びもある。授業開始時と終了時では，明らかに学生の実力が変わってくるのが感じられるからだ。こうした学生の変化を見るのは教師としてのやり甲斐を感じる時である。もちろん，それは大学や学生の水準にもよるので，残念ながらそうした喜びの感じられないケースもある。

大学の教員には，そこに所属している専任教員の他に非常勤講師というものがある。他の大学から招聘されて，非常勤で1コマか2コマ程度の授業を担当するのだ。大学の側からすれば，専任教員を雇用するのに比べて安い給与で済むことから，多数の授業を非常勤講師でまかなっている場合がある。

専任教員をしていても，大学や学科などによって学生の興味や関心，教育システムなどは異なるため，非常勤講師を担当すると色々と勉強になることが多い。また，企業の研究者にとっては，教職歴にカウントされるという利点もあるし，職場とは違う空気を吸うというリフレッシュ効果もあるし，学生に教えるためにこれまでの研究内容を整理したり，新しいことを学んで知識の幅を広げたりできるというチャンスにもなる。なお，企業から大学に移ろうと考える場合には，非常勤講師という形で教職歴をつけておいた方がいい。ただし，そのためには週に何コマもやっておく必要はない。各年度に1コマでよい。

2.9 研究管理者としての段階

　研究者として成果を積み重ねてゆくと，ある時点で研究管理の仕事を任されるようになる。大学の場合には，特に教授の場合，自分の研究室の予実算管理や助成金申請などの作業があるが，企業の場合に比べるとその負担は軽い。企業の場合には，それらの他に人事管理なども入っているし，研究室全体の評価がメンバー全員の評価に関連するという責任もあるからだ。そうしたオーバーヘッド業務が多くなるため，管理者になると，自分で研究する時間を割くことが困難になり，自分のアイデアを部下に研究させることもある。

　ここで問題になるのが，研究者としてのコンピタンスと管理者としてのコンピタンスのずれである。端的にいえば，研究者として有能だった人が管理者としても有能である保証はない，ということだ。そのため，本人の意向を確認したりして，あくまでも研究を続けたい人にはそれなりの職位を設けておき，管理者になるのとは別のキャリアパスを用意している研究所もある。ただ，本人にやる気があるなら，管理者として任用されることになるが，中には管理者になることを"偉くなった"ことと勘違いする単純な人物もいる。管理者としての辞令交付以後，態度が大きく変化した事例を僕も幾つか見ている。また辞令は命令だからとそれを受けて管理者になってしまったものの，管理業務が肌に合わず，それに悩んで休職してしまった例もある。大学への転身を考える一つのタイミングはこうした時期だろう。

　こうしたことを考えると，研究のマネージメントを元研究者に任せるのが最善なのかという疑問が沸く。もちろん彼らは研究内容についてはプロであるが，たとえ短期間の管理者研修をやったとしても人心掌握などのスキルはそう簡単に身につくものではない。むしろ，研究管理という業務は，研究者あがりの人でなく，管理業務を行ってきたプロに任せた方がよいのではないか，と思うこともある。

2.9.1 研究管理

　研究管理において重要なのは，まずその研究単位組織としての計画の立案とそれを遂行するための予算の確保である．計画がなければ予算も明確にならないから，まずは計画を立てることになる．ただ，自分の所属する企業の内部に該当する人材がいない場合には，たとえやりたいことがあってもその実施は困難なので，まずは内部人材の得意分野や得意技術などをベースにせざるを得ない．どうしようもない場合には，大学の教員に研究委託をすることもあるが，コアになる部分を委託するのは避けるべきだ．そのため，いきなりトップダウンに所属メンバーに計画を申し渡すのではなく，最初は，所属メンバーから各自の計画を出させ，それらの重要性を考慮し，また単位組織全体としての方向性などを勘案して全体計画を作成する．これをメンバーとレビューしながら研究計画を立ててゆくことが多い．単位組織内部で整合性がとれても，それが組織全体としてどのような位置づけになるかも，当然意識しておかねばならない．

　予算についても同様で，まずはボトムアップに積算した予算を提示させ，それを全グループについて積算する形で予算立てをする．前年度から極端に増加したり減少したりすると"目立って"しまうので，そのあたりにも多少配慮をする．研究管理者の集まりでは，上位マネージャによる裁可が必要であり，他の研究単位組織との競合が発生するが，そこでどれだけ必要性を説き，納得を得るかは研究管理者としての能力が問われる重要なポイントでもある．

　実直に研究生活を続けてきた研究者にとっては，こうした業務は栄誉あるものというよりはむしろ苦痛ですらあるだろう．職位の上昇という甘い側面だけで昇任人事を受けるのでなく，そのあたりもきちんと考えて判断をすべきだろう．

　ただ，研究という活動には，必ずといっていいほど他の人たちが介在し，予算が必要になる．大学の研究者においても助成金を獲得するためには，それなりの研究計画をきちんと立てることが必要とされるわ

けであり，こうしたオーバーヘッド業務に背を向けてしまっては，わずかな個人研究費や私費で購入した書籍を読むような研究生活しか残されないことになる。もちろん，そうした形の研究生活が基本になっている領域もあるだろうから，管理業務が全ての研究者にとって必須のものだとは言えない。

2.9.2 人員管理

人員管理というのは，部下となった研究者の能力特性や性格特性を把握し，適切な指導を行うことである。大抵の場合，研究単位組織は粒よりの部下だけで構成されるわけではない。能力にはある程度の差があるし，それも領域によって異なっている。数値計算を得意とする部下が，回路設計も得意であるとは限らない。そのため，研究単位組織でどのような役割分担を設定するかについては，まずメンバーの特性を把握しておく必要がある。また，研究者というのはたいてい善良な人間であるが，中には馬の合わない組合せもあるし，やたら攻撃的だったり爆発的であったりする人物もいることがある。そうした性格特性の把握と，それを考慮した研究グループを編成することも重要な仕事である。

また部下が家族の介護をしている場合や長期療養のようなことになった場合についても，研究管理者は，適切な配慮をもった運用を心がけるべきである。組織運営というのは，所属人員の数そのものではなく，そうした形での「労働力の欠損」を前提として行われるべきものである。

2.10 学会活動

研究活動のなかでも元気のでてくるものが**学会活動**である。学会の大会や研究会での発表は，自分たちの成果を関係者に問う場であり，他大学や他企業の人たちと情報交換をする場でもある。

学会発表の仕方については，書籍も幾つか刊行されているが，ともかく話を聞く人の立場に立って行うことは最低条件である。言いたいことを言えばいい，というものではない。発表を行ったから発表業績が一つ増えたと考えるべきではない。学会発表はアカデミックコミュニケーションの場である。コミュニケーションのやり方には，井戸端会議には井戸端会議の，業務打合せでは業務打合せの慣行というものがある。それを無視したような発表の仕方は，特別な意図がない限り控えるべきだろう。以前，若手の研究者がある学会で漫画を使った発表をしたことがあったが，単に目立ちたいという意図以上のものは感じられなかった。

　学会活動には年会費の他に，大会や研究会などのイベントへの参加費などの費用がかかるが，たとえば数を限って年会費を補助してくれるシステムを持っている大学や企業がある。またイベント参加費は，会食などの費用を引いた金額で，公費負担が可能であることが多い。

　現在，日本学術会議に登録されている組織もあれば，そうでないものもあり，その実数は把握困難であるが，ともかく膨大な数の学会がある。だから，その中からどれに入るかを選ばなければならない。その考え方だが，最初は，その領域で伝統的で大規模な学会に所属しておくのが無難だろう。その後，自分の研究が進展してゆくにつれて，その他の学会にも所属するようにするとよい。ただ，せっかく学会に入ったなら，全国大会や研究会での発表や論文誌への投稿などをするようにしたい。学会から送られてくる学会誌や論文誌を読んでいるだけでは年会費がもったいない。なお，年会費未納が続いて除籍になってしまうと，再度の入会を拒絶されることもあるので，辞めるなら辞めるできちんとした手続きを取るようにしたい。

2.10.1　学会の委員や理事になること

　学会という組織は，基本，無償のボランティア活動によって成立している。したがって，その運営に参加することについては，特に企業

の場合，給与を支払っているのだから，会社には直接貢献しない学会活動は余計なものだという考えで，極めて消極的な場合がある。学会から情報は頂くが，人は出さない，という姿勢だ。学会の委員会の運営や理事会への参加が完全な出費でしかないという認識も間違っているし，道義的にも好ましいとはいえない。委員会や理事会などで他企業や大学の人々とのネットワークを構築することについては，近視眼的に出費と捉えるのでなく，将来へ向けての人材育成という投資であると考えるべきだろう。

2.10.2 そこで得られるものと失うもの

学会活動に参加して得られるものは多い。研究内容に関連した情報，同じような研究をしている人との出会いなどは基本的なメリットである。その他，機器展示や書籍展示を行っていることが多く，それらを見て最新動向を把握しておくのもよいことだ。なお，書籍展示については1, 2割のディスカウントをしていることが多いので，新刊書についてはそこで購入するのがよいだろう。ただ，ちょっと古いものであればamazonなどのネットショップで中古が入手できる可能性が高いため，メモを取るだけで帰ってしまってもよいだろう。

学会活動と特許取得の関係については，当然，特許を取得したものを発表すべきである。特許を取らずに学会発表をしてしまうと，それで公知ということになってしまい，改めて特許取得をすることができなくなる。また，きちんとしたレジメが刊行されていないような研究会での発表にはアイデアの盗用について注意も必要である。

2.11 定年以後の生き方

大学にも企業にも**定年**という制度がある。定年後の生き方は人によって様々である。どこかの大学に呼ばれて，そこで定年がない，あるいはさらに延長されるような職位，たとえば学長や理事になるとい

うのは，その一つである．自分でコンサルテーションの会社を立てる人もいるが，なかなか成功事例にお目にかかったことがない．よほど会社運営のノウハウに長け，営業活動も行わないと成功はおぼつかないのだろう．

しかし，研究者にも定年があるというのは残念なことだと思う．折角の知識やノウハウや技術が，ある時点を境にして社会に活かされなくなってしまうからだ．特に，大規模な機器やシステムを使うようなビッグサイエンスでは，定年で職場から離れてしまうと，文字通り手も足も出なくなってしまう．反対に，書物や論文と思索を基本にして研究活動をしてきたような人々にとっては，給与がもらえなくなるといったことを別にすれば，特に大きな変化はないといえる．

ただ，色々な先輩諸氏を見ていると，定年を境にスッパリと研究活動から足を洗ってしまう方々が結構おられる．そのお気持ちは僕にはよく分からないのだが，そう簡単に辞めきれるものなのだろうか，と不思議な気持ちがしている．そうした方々は，その後，趣味の骨董や野鳥観察に生きたり，レジャーを楽しんだり，家庭菜園を始めたり，あるいは地域ボランティア活動に精を出したりして，それなりに元気にやっておられることが多い．ただ，そういう方々にとっては，定年まで行ってきた研究は仕事であり，必ずしも生き甲斐ではなかったのかなあ，とも思ってしまう．いや，そんなことはない．生き甲斐を入れ替えることができただけなのかもしれない．もちろん心の奥底まで見通せているわけではないから，彼らの心裏に無念さや悔しさがないとは言い切れないだろう．ただ，ご自身のテーマについて，しがみついてでも頑張る，定年となった状況でも可能な形で研究を続けたり，著述活動をやったりしてゆくという気迫が感じられないことがあるのは残念に思われる．

3. 社会的活動としての研究

3.1 社会という枠組み

　人間は,**社会**というシステムの中に生きている,あるいはそこに生かされている。社会に生きるということは空間的には国であり地域であり,時間的には歴史のヒトコマに生きているということだ。地域的条件は,その社会の経済的水準や倫理的規範という形を取り,歴史的条件は,その時点までの研究領域における発達水準や価値観といった形を取る。また,社会というシステムは経済原則の上で動いている。研究者といえども,その枠外で生きることは困難であり,大抵の場合,大学や企業などに帰属して給与を得るという形になる。

3.1.1　地域的条件としての社会

　日本という国における研究活動が国際社会のなかで一番強く制約されているのが言語であろう。いくら悔しがっても,研究の世界は英語を基本として動いている。日本語で書かれたものが外国語,特に英語に翻訳されて海外にでてゆくということは,文学の世界を除くとそれほど多くない。いや,かなり少ないというべきだろう。文学の場合は翻訳を生業としている人たちがいるので,作家本人が翻訳をしたり,英語で書いたりする必要はない。しかし研究の世界ではそうはいかない。研究者自身が英語力をつけて,自力で英語の論文なり著書を書くしかない。

　また世界の共通語としての英語ではあっても,日本ではその読解力も今1つというべきだろう。英語の図書や文献を読んで理解できない研究者は少ないと思うが,日本語同様のレベルとスピードで読解できる人はそう多くないだろう。したがって翻訳書がでていれば,それを利用する人が多いと思う。しかし翻訳書は時間的な遅れがあるし,訳

文のこなれ具合や正確さは訳者によって様々である。

　ただ，最近の若い世代を見ていると，僕の世代に比較して，英語力は多少向上しているように思うし，政府も英語力増強を施策として行う方針でいるから，将来を考えた場合には，これはあまり大きな問題にはならないかもしれない。

　地理的な距離という問題も，物理的な移動は航空機網の整備によりさほど大きな障害にはならなくなっている。ただ，移動にともなう時差ボケ，特に東回りによるそれ，には個人差はあるが苦しんでいる人が多いだろう。僕も，現地に到着した翌日に学会発表があった時には，寝付けないまま朝を迎え，どんよりした頭で発表をしてしまったことがある。近年は，インターネットやSNSの発達もあって，研究者間の日常的なコミュニケーションは随分安価で容易にできるようになった。リアルタイムで討議を行おうとすると，時差を考慮せざるを得ないが，日本とアジア諸国ではほとんど問題にならない。日米欧の間ではリアルタイムの電子会議では早朝組と深夜組ができてしまうが，それなりにコミュニケーションを行うことができる。

　国内の経済的な状況が研究環境に大きく影響するのは，いわゆるビッグサイエンスの領域だろう。この領域では，国家予算の付け方如何で研究がしやすくなったりしにくくなったりする。また企業の経営状況という経済の状況も，研究者の配置転換といった形で研究者に影響してくることがある。

　政治的な安定も重要な問題で，かつては軍事的な目的で物理学者や化学者や生理学者などが狩り出され，また心理学者や人類学者が協力を要請されたことがあった。また，そういう時期には特に社会科学の分野で研究内容に制約が加えられることもある。戦時であれば，危険思想というレッテル貼りはどこの国でも行われる。国家は一丸となって戦いに臨まねばならない，という倫理的規範が社会を支配するからだ。

　さて，国内での地域差に話を転じると，やはり大都市志向，特に東

京志向の傾向が強い。東京という場所は、たしかにいろいろと便利である。大学と企業の人が打合せを行うためにも、いろいろな会合に出席するためにも、また東京とその近辺で開催されることの多い学会の大会などへ出席するためにも便利である。もちろん交通の発達した今日のことだから、交通費が支弁されれば、1日や2日で、東京で開催されるイベントに参加することが可能になっている。それでも東京を職場として志向する人たちは多い。それは別にショッピングに便利だとか、博物館や美術館が多いから、という理由ではなかろう。いまやショッピングはネットで相当なレベルまで可能になっているし、そうしょっちゅう博物館や美術館を訪問する人もいないだろう。また、研究情報も、いまではネットでかなりの部分が賄える。ただし会議や委員会などでの対面の情報交換が容易であるのは確かだ。僕の場合、現在は東京に居住しているが、終日自宅にこもってネット接続したパソコンで仕事をしていることもあり、これなら日本中どこにいても同じかもしれないな、と思うこともある。ただ、僕の場合は、東京が生地であり、3年を除いてそこで育ってきた。いわば故郷なのである。その意味で僕は東京に拘泥している。

もちろん、片道で東京に出るのに数時間かかるというのでは、確かにハンディはある。ただ、旧帝大のある地方都市は、地方にあっても新幹線や飛行機を利用すればアクセスは便利であり、現在は、それほど地域差は大きなハンディになっていないといえるだろう。飛行場もなく、そうした大都市圏に出るのに片道3時間以上かかるような場合には、やはり大都市を志向したくなる気持ちは理解できる。

3.1.2 時代的条件としての社会

人間は、時代という制約条件の中で生きている。そこには二つの意味がある。一つは、その時代までに知られていることをベースにせざるを得ないこと、もう一つは、その時代に許される活動を行うことを迫られることである。

第1の点に関連して，過去の人物が現代に生まれたらどうなっていたかを考えてみよう。たとえば**デカルト** (René Descartes 1596-1650) が17世紀でなく現代に生まれていたら，どんな著作を書いただろう。キリスト教やその教義に充ちた時代であったからこそ，神の実在を根底にしたロジックを打ち立てたのであって，キリスト教の勢いが衰えた現代では，まったく違った理論体系を立てることになっただろうが，もしかしたら，それは彼の志向性と異なることであって，彼はたとえば弁護士として生きることを選んでいたかもしれない。また，**フロイト** (Sigmund Freud 1856-1939) が現代に生きていたら，どういう理論を打ち立てただろう。フロイトが登場しなくても，誰かが精神分析を考えて，フロイトはそれを理論的背景の一つとした新しい精神医学を研究していたかもしれない。

　いや，そんなことを考えても意味がない。それぞれの研究者は，それぞれの時代においてこそ登場しえたのであって，他の時代では歴史に登場すらしなかったかもしれない。そこには歴史の必然があるように思う。また，あくまでも仮定の話ではあるが，それらの人物が生まれていなくても，それに代わる人物が登場し，同様の研究を行った可能性を完全に否定することはできないだろう。

　次に，死去については才能の熟成の可能性がそこで寸断されたわけであり，たとえば**ラボアジェ** (Antoine-Laurent de Lavoisier 1743-1794) がギロチンで刑死しなければ，さらにどのような業績が積み重ねられたかを考えることもできなくはない。ともかく，人類の歴史は殺戮に充ちており，その歴史は，こうした慚愧に堪えぬことの積み重ねでもある。

　ともかく研究者は「その時代」に生きており，そこからジャンプしてしまうことはできない。その時代までに知られていることを学び，その上に自分の研究を積み重ねてゆく。これが研究の歴史となる。もちろん，同時代に生きていても，情報の交流がなければそれぞれが独自に研究をすることになる。走査線式のテレビの発明は，日本では**高

柳健次郎 (1899-1990) が1926年に行ったが，アメリカの**ファーンズワース** (Philo Taylor Farnsworth 1906-1971) が1927年にそれとは別に開発したものの方が有名である。こうしたことから考えると，工学の分野に特有な傾向かもしれないが，誰かがやらなくても他の誰かがやる，という時代の必然というものはあるように思われる。

現代においてはネットを含めて様々な手段が提供されており，特に工学の分野は20世紀よりも熾烈な状況にある。我々はむしろ情報の洪水のなかに投げ込まれてしまっており，知るべき情報を知らなければ遅れを取る。何かを研究しようとしても，関連のある研究をフォローするだけでも大変な労力を要する。しかし知らねばならない。そして，知った上で考えられるべきことを考え，それを研究成果として発表しなければならない。そうしなければ一番乗りはできず，一番乗りをしなければ研究者として悔しい思いをする。

これが現代の状況だが，そこには理工学と社会科学の大きな違いがあるように思う。理工学は前述のような状況にあるが，社会科学や人文科学では研究者の属人性が重要な意味を持っており，誰かがやらねば他の誰かが同じことをやってしまうという可能性は低い。何らかの理論は，それを提唱した誰かのものであり，それはその誰かの生き方とも密接に関連している。その生き方や生きた環境や風土などはその人に固有のものだからである。

しかし，社会科学や人文科学にはまったく時代性がないかというと，そうではない。たとえば第2次大戦後に実存主義が流行し，その後も構造主義やポストモダンなど，時期的に近接したなかで類似の思考が行われ，多数の追随者を出し，それぞれに一つの時代を画したが，こうしたことは，第2次大戦後に限った話ではない。誰かが言い出さなくても他の誰かが類似の考え方を提示する。それはその時代の社会的背景，それまでの思想的累積などによって，ある程度は必然的に人間，いや人類というべきか，その知性が動いた結果と思われる。

こうしてみると，研究というものは，理系文系を問わず，時代という

次に，時代による許容性について考えてみたい。宗教や政治体制，社会風土によって，特定の種類の研究が促進され，反対に，特定の種類の研究が制約され，あるいは排除・迫害されることがある。多数の亡命者をだした**ナチズム時代のドイツ**のことを思い返してもよいし，第2次大戦中の日本を考えてみてもいい。またアメリカにおける**マッカーシズム**の時代を思い出してもいいだろう。社会は，その当時の社会体制の維持や強化を阻害する可能性のある考え方や研究を抑えようとすることがある。体制維持のためには，挙国体制を取る必要があり，ネズミの穴から堤防が決壊するという恐怖心が，過剰な抑圧につながることが多い。

　そうした時代風土が研究に白い目を向けてしまっている一つの例が，近年の日本における原子力研究だろう。福島第2原発の事故以前から反原発の動きはあったが，あの事故がその動きに弾みをつけた。まだあまり具体的な姿を現してはいないが，反原発が反原子力研究につながる可能性がないとはいえない。こうした時，音頭取りの役をするのが**マスメディア**である。原子力が魔女であるかは別として，現代において魔女狩りが起こるとしたら，それを先導するのは特定の任意団体より，むしろマスメディアではないかとすら思われる。マスメディアに対抗しうるのは草の根メディアであり，それはたとえばインターネットを利用して意見提示を行うことができると思われるのだが，現状は必ずしもそうなっていないように見える。むしろマスメディアの先兵の役割を果たしているようなものが目につく。

　また，研究者が倫理という名の下に自己規制をすることも多い。典型的なのが心理学における**倫理規定**であり，日本心理学会も『公益社団法人日本心理学会倫理規定』といった規定を設けている。ヒューマニズムの精神に基づくそのような規定は"悪いこと"ではないようにも思えるが，それが研究の力を削いでいる部分があることも忘れてはならないだろう。**ガリレオ** (Galileo Galilei 1564-1642) が言ったとさ

れる「それでも地球は動く(E pur si muove)」は，彼の研究者としてのプライドを示すものとして，地動説が常識となった現代ではむしろ賛美されるものであるが，17世紀当時としては異端の最たるものだった。この二つの事柄から安易に結論を導くのは避けるべきだろうが，時代の倫理規範が求める事項を遵守するだけで，本当に意義のある研究ができるのかどうか，僕は時に疑問に思うことがある。

　もちろん，**ジンバルドー**の行った**スタンフォード監獄実験**は，現在の倫理規範に照らせば厭うべきものだが，その結果得られた知見は，安全なセッティングで行われる研究からは得られない価値をもっていたといえるだろう。現在，そうした実験は行えないため，実際に事件となったもの，たとえばイラン侵略に際して米軍が捕虜に対して行った処遇，などを分析するケーススタディが主な方法となっているが，こうした動向は，やはり時代の倫理性の枠の強さを物語るものといえる。

　僕は，単純に時代の枠組みを突破しようという向こう見ずな動きを奨励するわけではないが，少なくとも研究者として現在という時代に生きる自分に，どのような制約がかかっているのかを自覚し，それによって得られないもの，理解が困難になっているものが何かを理解しようとする姿勢だけは必要かと考える。

3.1.3　女性研究者

　総務省のデータによると，2010年度末時点で，国内の女性の研究者数は123,200人であり，研究者全体に占める割合は13.8%であるという。人口10,000人当りの人数でいうと51.4人（2010年度）で，韓国の48.6%，アメリカの46.8，カナダの44.7%を抜いて世界トップであるという (http://www.stat.go.jp/data/kagaku/pamphlet/s-04.htm)。しかし，トップといえど，まだ13.8%である。自明のことではあるが，これは男女の能力差を意味したものではない。諸般の事情が，この数値の更なる上昇を阻んでいるのだ。

　たしかに男女には差がある。**ジョン・フォード** (John Ford 1894-

1973)監督の『怒りの葡萄』の最後で，母親（Ma）が父親（Pa）とこんな会話をしている。以下は画面に表示される字幕から書き起こしたものである。

> Pa: You're the one that keeps us going, Ma. I ain't no good no more and I know it. Seems like I spend all my time these days thinking how it use'ta be. Thinking of home. I ain't never gonna see it no more.
> Ma: Well Pa, a Woman can change better'n a man. A man lives, sort of, well, in jerks. Baby's born or somebody dies, and that's a jerk. He gets a farm or loses it, and that's a jerk. With a woman it's all in one flow, like a stream, little eddies and waterfalls, but the river it goes right on. Woman looks as it that way.
> Pa: Well, maybe. But we're sure taking a beating.
> Ma: I know. That's what makes us tough.

もちろんこれは**スタインベック**（John Steinbeck 1902-1968）という男性作家の作品にもとづく映画作品であり，男性の脚本家と監督によって作られたヒトコマである。しかし，男性と女性の違い，特に女性の強さの秘密が明瞭に語られているように思う。また僕の好きな漫画家の一人である**安彦麻理絵**（1969-）の『だから女はめんどくさい』（2012, KKベストセラーズ）にも，男女の違いが具体的に生き生きと描かれている。こうした性差があることは，それが社会的文化的に形成されてきたものであるにしても，確かなことといえよう。

　ただ，性差といっても，各人にとってのその根源は，産まれた時の外性器の形状に過ぎず，各種の精密な検査を行って慎重に判断されたものではない。気質や性格についても同様だ。だから性差で類型的な判断をすることは誤りに陥りやすい。しかし世間は単純な認識をした

がる。特に外から見える相違には敏感だ。そうしたこともあり，性差は社会のなかで人間を識別するうえでの大きな特徴として使われてきた。

　その結果，女流作家とか女性研究者という言い方が使われることにもなった。しかし最近は，看護婦が看護師になり，保母が保育士になり，またセクハラ防止のための制度も整備され，徐々に性差を強調しない方向に変わりつつある。いわゆる性差に関係なく，各人がその特性と能力に適合した生き方を志向し，その生き方を貫いてゆけるような社会になることが望ましい。もしかすると男性と同じ人数の女性が研究者を志向してはいないのかもしれない。しかし，研究者を志向する場合には，性差に関係なく，その能力に応じて目指す生き方を貫いてゆけるような世の中になるべきである。さらに言えば，それは"女性が少ないから女性を登用しましょう"という発想とは異なる。性差に関係なしに，能力で判断すべきだ，ということをいいたいのだ。ともかく男女の間には違いがあるが，それが研究能力の違いではないと考えられる以上，女性だからといってその道が険しいものになる必然性はまったくない。

　ただ，現実にはまだまだ壁がある。たとえば，妊娠・出産・育児という壁である。もちろん，これらはアカデミアの道においては壁になりうるものだが，人間の生き方としては壁ではなく，むしろそれを充実させる幸いなできごとと見なすことができる。もちろん，妊娠のある時期，出産後の時期は，研究室で研究を続行することは困難だ。だが，それは周囲の理解と支援があれば，さほどの長期間でもないし，大きなブランクになることはない。教員の場合には授業を休まねばならないことにはなるが，それも代講システムによってカバーすることが原則可能のはずである。育児については夫の理解と協力が必要になるが，特に，母親と同居している場合にはその労力が相当緩和される。私の知り合いの女性研究者の大半は，そうした状況で育児をこなしているようだ。だが，一番大変なのは，母親の支援が得られず，しかも大学院生の場合に妊娠してしまい，かつシングルマザーの状況で出産や子

育てをしていこうとする場合だろう。こうした女性の立場を擁護し，女性の権利を確立することを目指して，女性研究者が集まって自発的に組織を作っていることがある。こうした場が単なる不満のはけ口になるだけでは困るが，積極的な権利擁護の活動を行うためには，そうした組織化も有効だろう。

また，人材登用の際の会議で，ボス的人物が「ああ，しかし，この人は女性だね」という発言をするような風土の残っているところもある。こうした時，多くの教員はその意を汲んで，その候補者を外してしまうことになりかねないが，その時「だからどうなんですか」と発議するような（男性）教員がいれば，ひいては組織の風土改革にも繋がってゆく。現在の職場構成員の大半を占める男性教員にも，そうした自覚と勇気が求められるわけである。

3.2 大学という場

大学が高等教育機関の場であり，一義的には教育を行う場所であるという考え方は，別に悪いものではない。高等教育は，社会の基盤構造を作り上げる人たちを教育することだから，社会的にも意義は大きい。文科省がそれに力を入れるのも当然だ。

ただ，これまでも随所に書いて来たように，現状の大学は，特に研究を志向する人たちにとって最善の場とはいえない。企業にいる研究者たちは，自分のキャリアプランとして，いずれは大学にでて，と考えていることも多いようだが，予想していた生活とのギャップに驚いている人たちを沢山見てきている。

ここでは，そうした大学の現状と課題，そして，どうやっていくべきなのかについて私論を展開してみたい。

3.2.1 大学は研究の場か

まず言いたいのは，大学によって，その内実は相当に差があるとい

うことだ。具体的に名前を挙げてしまうと差し障りがあまりに大きいのでそれは避けるが，ともかく，大学に勤務するようになるまでには分からないことがとても多い。一般企業への就職をめざす大学卒業生が企業案内を見ても，その実情は把握しきれないでいるくらいで，教員候補者向けの大学案内などが出版されていない現状であり，中に入ってびっくり，ということがとても多い。

a. 給与

まず**給与**。これは年額でいって大学では企業の時のおよそ2/3に減額になると思ってまず間違いない。企業の時と同じ給与が得られたら，それは実に幸いなことかもしれないが，企業で冷遇されていた証拠なのかもしれない。福利厚生については，保養所などが国立や私立でも用意されていて，その面の待遇では特に悪いことはないが，ともかく給与は減る。明らかに減る。だから自宅建築や購入の返済金が残っているなら，企業の退職金でできるだけ返済しておいた方がいいだろう。

b. 時間

次に**時間**。新学部設置などのタイミングで企業から大学に移った場合には，学年進行に伴って徐々に完成年度のレベルに負担があがってゆくが，当初はそもそも学生がいないから比較的楽である。しかし，既存の学部に入る場合には，いきなり多くの授業負担が迫ってくることになる。ほとんどの場合，前任者からの引き継ぎはない。つまり教材やPPTなどはもらえないから，授業の準備に忙殺されることになる。異動した初年度は，まったく研究はできないと考えた方がいいだろう。

また，学生には夏休みや冬休み，春休みがあるが，その間，教員も休めるかというとそうでないことも多い。大学によっては，夏休み期間は事務所も閉鎖し，大学が無人になるところもあるが，大抵の場合，事務方は勤務をしているし，特に工学系の場合には，毎日出てくるの

が当然という文化があって，学生も実験などに出てくるし，教員はその期間，実験指導をするために出校しているのが通例である．文系の場合には，実験などがないため，夏休みは教員にとっても休みであり，その期間，調査出張にでたり，国際会議にでたりすることもあるし，別荘で読書に明け暮れる場合もある．ともかく授業の負担がない分，相対的には楽になる時期なので，その期間は有効に使うようにしたいものだ．

あと，大学への出勤管理がある．数は少ないが，タイムカードを設置して，教員にも出勤日時を記録させている大学がある．研究室に入室したらボタンを押して，事務方や学長の部屋にあるランプがつくようにしている大学もある．組織管理の立場からは当然の考え方だろうが，基本は，授業や委員会がなくても大学に来ていなさいね，ということなのだ．企業ではフレックスタイム制が導入され，米国では在宅勤務も普及してきたという時代にもかかわらず，時間管理の厳しい大学が案外多い．研究室というものがあるのだから，研究は自宅などでなくその部屋でやりなさい，という建前なのだろう．しかし，その研究室が教授でさえ相部屋になっている大学もある．反対に，在宅勤務を認めている大学もあり，この点に関しては，大学間の温度差には相当なものがある．

また長期的な時間管理については，任期制という制度がある．専任教員でも，5年なりの所定の年限が経つと，それまでの業績（研究，教育，学務）をまとめて審査を受け，それに通らないと次の任期が与えられないという制度である．もちろん教育・学務・研究を満遍なくバランスをとって活動している教員もいるが，教員の側にも，学務型教員と研究型教員がいる．つまり，研究よりも委員会業務などに熱心な教員と，委員になることは極力避けて研究に集中しようとする教員とである．前者はどちらかというと自身の研究能力に疑問を抱いていることが多いようである．教育については，学生による授業評価があるが，これはよほど酷いものでなければ大抵の場合はパスできる．この任

期制については，現在は廃止する動きもでていて端境期になっているようだが，いましばらく現在の状況は続くだろう。

c. 授業

授業の負担は，少ない場合で週に1～2コマ，多い場合には6～7コマになる。この数はカリキュラム編成によって異なり，また内容も授業と演習とでやり方が異なる。演習の場合には，学生が何かをしている間はそれをチェックする程度なので比較的楽なことが多いが，授業の場合には基本的には話し続けることになり，それが日に3コマも4コマもあると身体的負担は相当なものになる。

教室の施設も大学によってまた教室によって異なり，プロジェクタやマイクが常備されていてすぐに使えるようになっているところ，機材を事務室などから運搬する必要のあるところ，まったくそうした用意のないところがある。プロジェクタ用のスクリーンについては，電動のものもあれば，手動で引き下げる旧式のところもある。

最近は，文学系の場合を除き，PPTを授業に用いる教員が増えたが，その扱い方によって授業の形態は様々になる。PPTのファイルを学生に配布する教員，そのプリントアウトを配布する教員がいるかと思うと，まったくそれを配布しない教員もいる。配布しなければ，学生としてはその表示内容をノートに書き写さざるを得なくなるが，教員の方はスライドの内容を読んでいくので，書写の速度と話の進行速度にずれが生じ，結果，学生は書写をあきらめ話しを漫然と聞いてしまう結果になる場合もある。僕の経験では，PPTをファイル形式や印刷形式で渡すにしても，できるだけ簡素なものにしておき，その部分を授業で学生が書き写して補うようなやり方が適切かと思う。

こうした授業の電子化が進むと，学生はノートパソコンを机に広げるようになる。積極的に新入生全員にパソコンを購入させたり配布したりしている大学もあるが，これも功罪相半ばする。教壇から見ていると，学生のパソコンの背しか見えず，果たして学生がノートを取っている

のか，それともネットアクセスやメール，果てはゲームをやっているかが確認できない。そのため僕は，授業中，できるだけ教室内を歩いて回るようにしていたが，大教室の場合はなかなかそれも困難である。

　授業の負担は講義だけではない。レポートを課せばその採点が必要になるし，テストでも同様である。レポートの場合には，ウィキペディアなどからコピー&ペーストをしてくる学生もいるが，その発見は比較的容易である。文体の変化を見たり，複数のレポートで同様の文章が見つかることもある。ただ，最近，ある有名女子大で卒業論文をコピー&ペーストでまとめたケースがあり，しかも最高評価を得てしまったことが発覚した。まだまだ，早期発見はむつかしいのかもしれない。そのために，教員側の防御策として，**コピー&ペースト**を自動検出するソフトも開発されている。ともかく，レポートの採点が可能なのは50人程度の場合であり，200人もの講義の場合には採点している間に基準が変動してしまってレポートを一定の基準で評価をすることは困難である。採点のためにTAをつけてくれる大学もあるが，ない場合もあり，それときは自分で何とか対処しなければならない。テストの場合も記述問題を入れたりすると，レポートと同様の労力が必要になる。ただ，この場合はコピー&ペーストの心配はしなくても済む。

　そして成績をつける。これには間違いは絶対に許されないので，慎重に行うことが必要だが，自分のもっている成績簿と，大学が要求してくる成績評価表にずれのある場合がある。たとえば授業には出ているのに，事務からの書類には載っていない場合がある。また大学は専攻ごとに学生を分けているが，自分は専攻とは関係なく名前の五十音順に学生を配置していた場合などがそれである。

　なお，FDという外来語は近年，多くの大学に受容されており，教員がよい教育を行うための研鑽が求められている。もちろん，毎年同じ講義録を使い，それを棒読みしているような教員がいなかったわけではないが，こうした教育への努力が強く求められる傾向は，ちょっと学生をお客扱いしすぎているような気もする。学生には，もっと自分で努

力せい，という本音を持っている大学教員は多いのではないだろうか。

d. 委員会

大学には何故か委員会やWGなどが多い。運がよければ一つくらいで済むこともあるが，大抵は三〜四つの委員になってしまう。その委員会も月1回や隔月1回の場合もあれば，週1回という場合もあるので，その負担は一概にいえない。

しかも，大抵の大学では，委員会の予定は「13:00〜」というように開始時刻しか書いてないことが多い。これは企業の会議では考えられないことで，僕が専攻長や研究科長を担当していた時は，かならず終了予定時刻を明記させるようにした。書いていなくてもだいたいが2時間程度と考えればいいのだが，中にはそうならず延々と続くことがある。時間がきたらピシャリとやめるべきだと思うのだが，それでは議論を尽くしていないと考える教員もいて，なかなか厄介である。

e. 教授会や学科会議

委員会の他にもっと重要な**教授会**や**学科会議**がある。教授会の構成メンバーを准教授以上としているところもあれば，助教を含むところ，文字通り教授だけのところもある。この教授会の運営がまた実に困ったもののことが多い。大学教員に特有の性格なのだろうか，自分の意見を言わないと気が済まない，というタイプの人が多い。実に多い。そのため，ようやく議論が集約してきたな，というところで，またぶり返した議論になってしまうこともある。ともかく，全体の議論の流れを考えるという訓練のできていない教員が多いことは確かである。局所的な意見を言い，その中に一部の理があれば，それで議論は再燃する。

そうした場合，議長である学部長などの采配が重要なのだが，「その議論はこれこれということになったと思いますが」と制止することは少ない。だから教授会は長くなることが多い。2時間で済むのは稀な

ことで, 3, 4時間, なかには6, 7時間続くこともある。

　教員によっては, あらかじめ長丁場を予想して本をもってきたり, パソコンを持ってきて自分の仕事をしたりしている。あまり褒められた行動ではないが, "どうでもいいじゃないか"と思えるような議論が続いてしまうと, ついそういう気持ちにもなってしまう。教員のこうした行動パターンは, まず大抵の大学に見受けられるもののようである。

f. その他の学務

　ロッカーへの番号札貼りなどについては既に書いたが, 他にもたとえば学生委員長になったとすると, 学生が何か不祥事を起こしたとき, それは大学での教育の責任であるということで, 関係者に詫びを入れにゆくこともある。

　しかし, もっと重要な学務, それは**入試**である。問題作成委員となった場合には, 注意を怠ると新聞ダネになってしまうため, ピリピリした状況が続く。また一般教員も入試の監督業務, 採点業務などがあり, 間違いがあってはならないことから, 緊張した期間となる。さらに, 近年は, 大学入試センターの試験を利用することが一般化したため, そのための監督業務なども発生している。僕の個人的見解としては, 大学独自の試験の妥当性や信頼性に自信がないなら, センター入試だけにすればいいし, そうでなければセンター入試はやらなくてもいいのではないか, という気がしているのだが, 現状はそうではない。ともかく可能なかぎり多様なチャンスを学生に与えようということで, AO入試なる方式を取り入れていることも多い。

　入試の適切さ（妥当性や信頼性）については, 入学時の各種の試験の成績と, その人物の入学後の成績, そして就職した後の生き方などについてフォローアップ研究がもっと行われるべきだと思うのだが, 意外にもそのあたりの調査分析はあまりなされていないようだ。

　またしばしば言われることだが, "外国のように"入り口は広くして出口を狭めればいいのではないかという議論は, 実質的にはあまり実践

されていないし，機能していないようである。その一つの理由は，あまり多くの学生を落第させると，その教員がきちんと指導をしていないように大学に，そしてひいては文科省に見られるから，ということがあるようだ。僕にはこれは歪んだ認識だと思える。学生は，もっと努力して勉強すべきなのだ。それなのに勉強をせず，悪い成績がついて落第したとなれば，それは本人の責任である。教員としてそれを恐れる必要はない。だが，現実には，学生の人気を得ることを良しとして，学生が沢山集まるゼミの方がいいゼミだという誤認も広くあるようだ。ただ，一方には，学生が多く集まる人気のあるゼミには優秀な学生も含まれているという現実もある。わずかな人数だが優秀な学生だけが集まるゼミ，というものを作り上げるのはなかなか大変なことなのだ。

　学生の就職指導という業務もある。就職なんて，学生自身の問題だから学生に任せておけばよい，という考え方もあるだろうが，近年の学生数減少の時代には，"よいところ"に多くの学生が就職できているという実績が，受験生の集まり具合に関係してくる。そのため，企業にパイプを持っている教員が力を持つ，という図式になりやすい。これも何かだらしない学生の姿を浮かべさせることではあるが，現実にはこうしたダイナミズムが働いている。

　その他の事務作業，たとえば出張のための書類作成やアルバイトや研究協力者への謝金支払い手続き，書籍や消耗品などの購入など，事務書類を作成するのは案外時間のかかる作業である。こうした作業のために，研究費の一部をあてて，週2~3日，研究補助員を雇用している場合もある。

g. 研究

　さて，ようやく研究である。これまでの各種の負担の荒波を通り抜けて，初めて自分の研究ができる時間が確保される。だが，そこにもまだ**研究資金**という障壁がある。一般に大学から支給される研究費というのは，50万円程度か多くても100万円程度である。本を読み，

それで論文が書けるような領域であれば，それだけの金額があれば何とか研究はできる。しかし，国際会議への旅費や参加費，調査を実施する費用，実験に必要な機材や人員，自分の負荷軽減のための外注経費などを積算すると，領域によって異なるものの，かなりの金額になる。もちろん財産があれば，それらを私費でまかなってもよいのだが，物品については私物搬入を禁止している大学もある。また書籍は研究費で購入したものは図書室の管理物品となり，大学を移るときには大学に残していかねばならない規定のある大学も多い。

　研究のための資材などを購入し調達するためには各種の助成金を獲得する必要がある。幸い，若手研究者に対しては，各種の財団が運営している競争的資金が結構手厚く用意されている。また，日本学術振興会の行っている**科学研究費助成金**（略して**科研**）は，多くの研究者によって利用されている。ただ，競争的資金であるから，申請すれば誰でも貰えるというわけにはいかない。その他に，学内助成金のシステムを持っている大学もある。こうした制度の他に，企業からの研究を受託して委任経理金という寄付金を受け取ったり，受託研究費を受け取ったりするケースもある。こうした資金を獲得しておかないと，円滑な研究活動は困難になることが多い。

　この資金獲得，特に科研を申請するときに困るのは，境界領域の研究をしている場合である。どちらの領域に出しても，シンプルにその領域に該当するとは考えられにくい場合，申請分野をどこにするかで頭を悩ませることになる。また，それが採否に関係してくるという状況もある。

　また，助成金の多くは年度内で消化することが必要で，翌年度まで持ち越すことはできない。最近，科研の制度が変更になり，年度枠を超えて移算することができるようになったのはありがたいことである。しかしながら，多くの助成金は年度当初，つまり4月から利用することができない。僕も過去においては，当該年度予算が10月になってようやく執行可能になった経験を持っている。半年の期間で1年分の予算

を消化するという無理な要求もさることながら，前半の半年間は予算なしで研究しなければならなかったわけである。時々，規定に反して予算を保留しておいたのが発覚して事件として報じられるが，こうした現状があるので，多少の同情を禁じ得ない。しかし，違反は違反であり，そもそもの助成金のシステムの改善が必要といえる。

　大学における研究のよい点は，テーマ設定が自由にできることだろう。これが企業における研究との大きな相違点である。これまでに書いたような他の業務や制約は多いものの，研究に関しては自由度が大きい。ただし，企業などから委託研究を受けた場合には，テーマはそれに制約を受ける。委任経理金は寄付金であり，本来ならテーマの縛りは無いはずだが，実際には共同研究や委託研究と同様に，特定のテーマで協力をする見返りとして寄付金を頂く場合が多い。それにしても，企業は，闇雲に研究を依頼してくるわけではなく，その教員のテーマに合致したものを依頼するわけだから，縛りがあるとは言え，自分の研究テーマに近いことを研究できる。また，企業の側からすれば，内部の社員をアサインした場合の人件費よりは遙かに安い金額で研究成果が得られることになるし，必要がなくなれば依頼を終えてしまえばよいわけで，途中の研究管理がさほど自由にならないことを除けば，案外コストパフォーマンスは高いといえる。

　また，特に工学部に多いパターンとして，院生を使って研究を進めるというやり方がある。文系の院生の研究テーマは，テーマ自体に属人性が高く，結果といっても数値的なものでなかったりするため，教員がそれを (連名であるにしろ) 利用することは困難だが，理工系の場合は，結果はグラフや数値となり，属人性が低い。そのため，院生の研究ということで指導をして，その成果は連名の論文や学会発表としてまとめ，最後に院生に論文をまとめさせる，というやり方を取ることができる。理工系で夏休みも出校して学生の面倒を見るという背景には，こうした事情も関連している。

h. 総括

以上のことをまとめると，大学を研究の場として位置づけるのは正確ではない，ということになるだろう。大学はまず教育の場である。そして教育に関連した学務もこなさねばならない。研究は，その残りの時間で行われるのである。もちろん，教育に関連した教育学や教育工学，教育心理学などのテーマを研究している場合には，日常活動そのものが研究でもあるし，また教育に特に関心がある場合には，その活動のなかに喜びを見い出すことができるだろう。

なお，残りの時間といっても，四六時中，教育と学務に追われてしまうわけではない。企業の研究者の場合に比較すれば，自由裁量になる時間は多い。あとは，その時間をどのように活用するかということである。企業から研究を受託するのもいいが，それに拘束されてしまうようでは，折角の自由な時間を放棄してしまうに近い。もちろん企業の研究者でも，毎時間を監視や監督のもとで過ごしているわけではなく，それなりに自分の考えにしたがって研究をしている。こうした意味からすると，時間の点については，大学が格段に自由度の高い環境であるということではないだろう。

むしろ，大学の良さは，企業という制約から解き放たれる点にある，といえるだろう。企業の場合，どのような研究をしても，それは研究者が担当した「**企業の研究**」である。もちろん学会などでは，その分野でその研究者の名前は知られることになるが，表向き，成果は企業のものである。大学に比べて高い給与はそのために支払われていると言っていいだろう。だから，自分の研究したいことと，企業が必要としていることがうまくマッチングするなら，大学よりは企業の研究所の方が好ましい環境であるということになる。そのあたりが，大学と企業のどちらで研究をするかの分岐点になると思う。

国や自治体が運営したり，独立行政法人や財団法人となっている研究機関についてはあまり触れてこなかったが，そこでは教育の負担はないものの，テーマ的な制約は結構あるように思う。特に税金で運用

されている場合には，研究成果には公共性が求められるし，国や地方が必要としているテーマかどうかというチェックが入る。また各々の研究機関は特定の目標をもっているため，その目標との整合性も考慮しなければならない。一人ひとりが自己裁量で自分のやりたい研究をすることができるのは，むしろ大学である，と言った方が実態に即しているのではないだろうか。

3.2.2 大学の組織構成

　大学という組織には，基本的に学部や学科というカテゴリーがあるが，大学によっては，学科の下にさらに専攻やコースというカテゴリーを設けているところもある。大学院の場合には，研究科があり，その下に専攻やコースが位置づけられることが多い。この名称については，大学によって様々なものが付けられているが，基本的に木構造になっている点は共通している。ただ，木構造による縦割り構造は，新しい境界領域の研究の発展を阻害するという考えから，プロジェクト制度を導入し，横断的なプロジェクトを設けている場合もある。また，マイナーな領域，つまりあまり多くの教員がいない領域については，一番関係がありそうな学科に設置されることもある。

　学部には学部長がおり，学科には学科長がいる。そして頂点に学長がおり，さらに理事長がいる場合もある。学長や学部長の場合は，通常，所属教員による選挙で選ばれるが，学科長や専攻長，コース長などの場合には，持ち回りで担当することも多い。基本的には，それらの役職教員は教員であり，役職からはずれた場合には，一般の教員に戻るケースが多い。これらの役職に就くと，ともかく出席しなければならない会議が増えるため，授業を担当したり，研究を続けたりすることは困難になる。代わりに役職手当が出されるが，企業の役員ほど多額の給与を手にするものではない。

　これらは内部の人事だが，外部から内部に教員を導入する場合には，公募と一本釣りがある。公募は，公に募集して，その中から適切

な人材を選定しようというもので，研究者人材データベース (jREC-IN: http://jrecin.jst.go.jp/seek/SeekTop) などに情報が載せられている。応募者は所定の書式や研究業績などを揃えて提出し，数名の教員から構成される委員会による審査を受ける。書類審査に続いて面接が行われる場合もある。なお，公募の場合には，学位を持っていないと明らかに不利である。また，募集領域に完全に適合しておらず，関連する領域への応募を行う際は，やはり不利になることが多いが，業績が群を抜いていたり，たまたまその人材の領域にも大学側に強い関心がある場合には，採用に至ることがある。一本釣りというのは，公募を行わず，目当ての人物に話しを持ちかける場合で，表向き公募という体裁を取っている場合もある。退職した教員の穴を埋めるような場合が多く，特にその人物が当該領域で知名度が高かったり，有能であることが知られている場合には，こうしたやり方が取られることがある。いずれの場合も，選考委員会から教授会に報告があり，教授会での投票をもって決定がなされるのが普通である。

　なお，**教員**は，教授，准教授，助教，助手という**四段構成**になっていることが多いが，講師という役職を設けていることもある。また，特定の助成金などを得た場合には，その費用により期限付きの特任教員を雇用することもある。**名誉教授**という称号は，その大学や学部への貢献の高かった教員や在職期間の長かった教員に与えられる名誉称号で，手当などは付かないが，科研への応募は可能である。

　こうした教員組織をサポートするために事務組織があり，事務方と呼ばれているが，事務方と教員側との力関係は，大学によって様々である。事務方，特に会計担当が強い権限を持っているケースは比較的多く，教員との間に予算執行に関して摩擦を起こすこともある。だが，大抵の場合，事務方は教員に協力的であり，いろいろと抜けを指摘してくれたり，運用でカバーしてくれたりすることがある。そうしたこともあるので，事務方に対しては，その労をねぎらう態度で接し，感謝の気持ちを忘れないようにしたい。もちろん，書類提出の締切りを守

るのは当然のことである。

3.2.3 大学の知名度とランク

　大学に関しては，知名度の違いがある。その多くは受験ランキングと関連し，受験倍率に直結するため，受験生にもよく知られるように，大学側はPRに力を入れることになる。その一つのやり方が，教員のマスメディアへの露出である。ニュース番組などで教員へのインタビューが掲載されたり，コメンテイターとして出演すれば，それは全国に無料で大学のPRをしていることになる。知名度の低い大学が，著名な人物を教員に招いたり，教員のマスメディア露出を推奨したりするのは，肩書きとして大学名が出て名前を覚えてもらうことに役に立つ。学生にとっても世間に知られていない大学に行っていることを口にするのは気が引けることだろうから，こうしたことについて必ずしも否定的になる必要はないだろう。また，知名度が出てくれば，まずは受験生の数が増え，そしてその中には以前より優秀な学生がいる可能性も高くなる。ただし，既に知名度の高い大学の場合には，その反対に，クイズ番組やエンタテイメント番組への露出は，かえってその品位を落とすということで，大学側から注意を受けることもある。

　現在は，受験システムが"完備"されているため，大学は偏差値によってスライスされている。つまり，大学ランキングによる序列化が進んでおり，学生の受験時の学力分布は相互に交わる傾向が少なくなっている。これは，卒業後の就職における選抜にも影響するため，学生は，大学受験の段階から，将来を見越して大学を選ぶようになってきている。とはいえ，学力優秀な学生がいれば学力の劣る学生もいるわけで，一般に学力の劣る学生は，学力だけでなくモチベーションも低く，そうした大学の教育現場にたった教員は，自分は何をしているのかと煩悶せざるを得ないことがある。

　ただ，教員の質は学生の質と必ずしも相関しない。知名度の高くない大学にも優秀な教員は沢山いる。だが，おそらくは，教育に関して

熱意を持てなかった結果と思われるが、そうした教員は、次のステップとして知名度がより高い大学に移る傾向がある。大学における業務で教育がもっとも基本であるとされながら、その活動に熱意を持っても無為に終わることが多ければ、そうした傾向はやむを得ないといえるだろう。

3.3 研究活動における人間関係

研究活動は自分でやるものだが、同時に自分ひとりでやるものではない。書籍や論文を通して先人の業績を学ぶこともあれば、他人の発表を聞いたり論文を読んだりして刺激を受けることもある。論文を発表しようとすると、**ピアレビュー**といって、関連領域を研究している他人の批評を受けることになる。また、共同研究という形で、大きな研究テーマの一部を分担することもある。所属を同じくする人たちとは、大きな意味では同じ目標に向かっているのだが、その専門とする領域が異なることもある。このように、研究活動は、他の研究者との関係性の上に成り立つものであり、そこでの関係性には重要なものがある。

もちろん、後世の評価を待つのだといって悠々として研究するスタンスも考えられなくはないが、現実的には助成金の審査にも通らず、刺激を受けることもなく、独善に陥ってしまう結果となりかねない。いや、現実に、そのように後世になってから改めて評価されたという業績もなくはないのだが、"いいんだよ、どうせ僕の研究は今の世の中には理解してもらえないんだから"と最初からそれを目指してしまうことには、多少ねじれたメンタリティを感じてしまう。(いや、こう書きながら、時々、自分でもそういったひねくれのスタンスを取ってしまいやすいことはある。)

3.3.1 組織的活動としての研究

組織の規模やミッションの内容により、特定のテーマをグループで

行う場合とそれが個人に任される場合がある。個人に任されている場合には，研究管理者との関係のなかで，自分のテーマの研究を進めてゆけばよいが，グループで行う場合には，同僚との関係が重要になる。同僚との関係については，単に円滑な関係を築くことも大切だが，同僚からよい点を"盗もうとする"姿勢も大切だ。優秀な同僚であればあるほど，学ぶべきよい点をもっているはずで，それは研究上の知識かもしれないし，研究態度かもしれない。またソーシャルスキルかもしれないが，ともかく，何か自分にはない点，自分より優れた点を見つけたら，貪欲にそれを見習い，自分のものとしてしまう積極的な態度をとるようにしたい。いや，優秀な同僚でなくても，人はなにかしら良い点があるはずで，そこに学ぶという謙虚な姿勢は常に持ち続けるのがよいだろう。

　なお，**グループ研究**の場合に一応気をつけておくべきなのは，成果の横取りの問題である。ミーティングの席上，思いついたアイデアを述べたとき，好意的な人物であれば，そのアイデアの筋が良く，特許取得に至ったり，論文を書いたりしたときに連名にしてくれるだろうが，我欲の強い人物の場合には，自分だけの成果としてそれを発表してしまったりすることがある。こうした問題の発生を防ぐため，**研究ノート**というものがあるし，またタイムスタンプをつけたアイデア記録をクラウドサーバに残しておくようなシステムを使っている組織もある。グループのメンバー間で協力しあうことは大切だが，自分の権利は自分で守るような努力も併せて必要になる。

3.3.2 下の立場から上を見る

　組織には上下関係がある。これは大学でも企業でも同じだ。そのとき，まず下の立場として組織に入ったときに注意すべき点を書いておこう。

　まず最初は，その組織における人間関係の全体像を把握することだ。誰が実権をもっていて，その影響範囲はどこまで及ぶのか，名前

だけの職位の人は誰か，次のリーダーと目されている人は誰なのか，組織のお荷物になっているのは誰なのか，等々である。たとえば，事務方が強い実権を持っている場合もあれば，その逆のこともある。こうした現状把握は，その組織がどのようなダイナミズムで動いているかを把握することにもなり，常に現状把握だけでなく，近い将来にどのように変化する可能性があるかを把握しておくことは，自分のポジショニングを確立する上でも大切だ。

新しく組織に入っていくと，向こうから接近してくる人がいるが，それにはちょっとした注意が必要だ。有能で力もある人が近づいてきてくれることもあるが，その組織の中で正当に評価されていないと思っている人が「味方」になってくれる可能性を探りに接近してくることもあるからだ。また，組織によっては派閥があり，自分の派閥に引き入れようとして接近してくる場合もある。研究するうえで派閥のことなど考えたくないのが人情だが，そうしたことも一応把握した上で，適切な距離感を保ちつつ自分の位置を考える必要がある。

心理学に**ソシオグラム**（sociogram）という手法があるが，それと同じように，その組織の中の人たちの人間関係をグラフ表現してみるといいかもしれない。もちろん，組織のなかで小賢しく動き回るのは端から見ても見苦しいし，そんなことはしない方がいいが，その組織における人間関係について適切な認識を持っておくことは大切だ。

次に大切なことは，上司によって組織の空気は大きく変化するということだ。たしかに中間管理職の立場は悩ましいことが多いのだが，極端にいえば，その上から来る風を遮断して独自の雰囲気を作ることのできる人と，暖簾のように上から来る風をそのまま部下に当ててしまう人がいる。また，上司がいつまでもいてくれる，あるいは居続けるとは限らないということも承知しておく必要がある。自分のことを引き立ててくれる上司もいれば，その反対のこともあるが，組織には異動が伴う。いつまでも現在のままではないので，より働きやすい環境になる可能性がある一方，より厳しい環境になる可能性も考えて置か

ねばならない。

　また，時には上司や先輩たちから注意をうけたり，警告をうけたりすることもあるだろう。そのときは，唯々諾々と従うのではなく，まず，その人がどうしてそうした事を口にしたかを考えてみよう。完全に自分に非があったのか，あるいはその人と考え方が違うだけなのか，あるいはその状況では彼らはそう言わざるを得なかったというだけなのか，といったことだ。何も常に素直に自罰的になる必要はない。たとえて言うなら，そうした上司や先輩と自分との関係を俯瞰して，社会心理学的にその場を分析する，ということである。そうした時，思ったことをすぐに口にだしてしまうのは損をすることが多い。瞬間的であっても熟慮した上で，適切な行動をとり，自分の思いは胸の内にしまっておくのがよいこともある。

3.3.3　上の立場から下を見る

　ある程度昇進すると，今度は自分が人の上に立つことになり，上の立場から下を見ることになる。また大学では教員と学生という関係の場合もある。上の立場になった時には，しばしば自分のもっている権限が，下の立場の人たちにとっては圧力になりかねないことを意識しておかねばならない。たとえば研究に関して助言をするとき，建設的な助言をしたつもりが，相手からすれば破壊的な助言と受け取られてしまうこともある。上下関係にあるときは，決して対等な関係にはないのだということを認識しておかなければならない。下手をすると**パワーハラスメント**ということになってしまいかねないからだ。

　それと，思うように下の人たちが動いてくれないという場合もある。そうした時，単に苛立っても何も解決しない。人を動かすためには，何らかのインセンティブが必要だったり，彼らを動機づける何かが必要になる。さらにいえば，そうしたことを自分からどんどん話してしまうのではなく，まず彼らに話をさせることが大切だ。人間というものは，他人に話しをするだけで気持ちが安らいでしまうことがある。特にそ

れが上下関係であれば，上の人に聞いてもらえたということによる嬉しさや安心感も出てくるものだ。また何かを話す場合にはくどくならないような配慮も必要だ。同じようなことをクドクドと話していると，自分の性格や知性を疑われてしまうことにもなりかねない。もちろんそれは相手のレベルによって臨機応変に変える必要がある。時には，精神的にダメージを受けていたり，本格的な治療が必要だったりすることもあり，職場のカウンセラーと連携して適宜対処しなければならないこともある。

あと，上に立つからには，下の人たちがやっていることの内容を理解できなければならないのは当然だし，そのための勉強も必要になる。さらに適切な助言や参考資料の提示なども必要になる。研究マネジメントという活動は，一般の人事管理以上に大変なものといえるだろう。

3.3.4 ハラスメント

ハラスメント (harassment) というのは，他人に対する発言や行動が，自分の意図とは関係なく，その人を不愉快にさせたり不利益を与えたりすることである。この"自分の意図とは関係なく"というところが実に難しいところで，受け手の印象が基本になるので「悪気はなかったのに」と言っても通用しないことが多い。もちろん悪気があれば，立派なハラスメントになってしまう。

ハラスメントという概念が日本で使われるようになったのは，**セクシュアルハラスメント**あたりからだったように思う。ある研究所では，30代前半の独身研究員に対し「早く結婚しないと卵が古くなっちゃいますよ」と上司が言ったという話がある。結婚という個人的なことに係わってくることがまず問題だが，その上司にはそれなりの思いやりがあったにせよ，適切な表現とはいえない。別な研究所では，30代後半の独身男性に対し「いつになったら結婚するんだい」と上司が言ったという。「子供はまだ作らないのかい」というのもやはりハラスメントで

ある。当人の性的志向による場合もあるだろうし，身体の不具合で子供ができない場合もあるだろう。こういう場面には，思いもよらない事情が関係していることもある。何気なく言ったことが相手にどう響くかを考えなければならない。大変なことではあるが，特に上司の立場にある場合には気をつけなければならない。

　研究者に特に関係するのは**アカデミックハラスメント**である。たとえば授業中騒いでいる学生がいたとして「お前みたいなアホには授業を受ける資格はない」と教師がいうのは，相手の人格を否定してしまっているのでアカデミックな場でのハラスメントになる。気に入らない学生や部下に対する指導を怠ったり，正当な理由なく論文誌への投稿を許可しなかったり，不当に論文審査を受けさせないのもハラスメントである。実質的に関与していなかった研究の発表に対して，連名にすることを強要するのも同様である。

　パワーハラスメントも上司や教授という立場に立った場合には気をつける必要がある。部下の昇進・昇格に対して，不当にそれを押さえ込もうとしたり，残業や休日出勤を強要したりすることがそれに該当する。

　その他にもハラスメントにはいろいろと種類があるが，自分がハラスメントと受け取られる行動を取っているかどうかを判断するための基本的な態度は，まず相手の立場にたってみる，ということだろう。企業や大学には，ハラスメントに対応するための委員会や組織があるはずなので，ハラスメントを受けた場合や，自分の言動がハラスメントに該当するかを考える場合には，そこに相談するのがよいだろう。

3.3.5 教育指導的配慮とは

　これも人の上に立った場合に関係してくることだが，上司は部下の研究者に対して，教育指導的配慮を取るべきである。教育指導的配慮というのは，必ずしも部下の疑問に直接回答を与えることではない。まず，部下が「分からない」と言っていた場合には，分からないということがどういう状態なのかを彼らに自分の力で理解させることが

必要だ。何がどのように分からないのか，回答の選択肢を持っているのかいないのか，どのような情報が必要なのか，どのような状態に到達することを期待しているのか，などを考えて，部下や学生の疑問点を解きほぐしていく。いわば触媒のような作用をする立場になるのだ。要するに本人に考えさせることが大切で，本人が洞察を得るための補助をする。さらにいえば，本人のメタ認知，つまり，自分はなぜ，どのような状態に落ち込んでおり，どのような精神的プロセスを経て解決にいたることができたのかを自覚させることが望ましい。こうすることにより，部下は，次に同様の状態に陥ったときに，自力で問題を解決することができるようになってゆく。

3.4 学会という世界

　学会というのは研究者特有の社会である。その歴史をたどると17世紀のフランスの王立アカデミーに遡るらしい。ただしその対象は研究というよりは芸術や建築であった。同じく17世紀にイギリスにできた王立協会は自然科学に関するものであり，今日の学会の起源といえる。

　学会という場が持っている機能には幾つかある。ひとつには情報交換の場としての機能である。新たに発見された事柄や発明されたモノを持ち寄り，それを他の研究者に伝え，そこからフィードバックを得ることは研究活動の基礎となるし，研究会や大会の場で仲間の研究者と会うことで対面の情報交換が可能になる。また，研究創発の場としての機能もある。研究者が集まって議論を戦わせ，あるいは質疑応答をすることにより，新たな気づきや発想が得られることも多い。また，実績確保の場としての機能もある。学会誌に査読付き論文が掲載されることは会員としての研究者の基本的な業績となるし，研究会や大会での発表もランクは少し下がるが，それでも業績として評価の対象になる。さらに，顕彰の場という機能もある。論文賞や名誉会員などの制度によって会員を顕彰し，同時に他の会員のモチベーションを高

めるのである。論理構築への動機付けという機能もある。学会での発表や論文の執筆をしようとすることで、そのままでは雑多な状態のままになってしまうかもしれない頭の中の情報を整理し、論理構築をしようという気持ちになる。

このように、学会は研究者にとって必須のコミュニティであり、研究者が研究者としてのアイデンティティを持てる場でもある。

3.4.1 学会の運営

学会は、基本的に会員のボランティア活動によって運営されているが、無料で行われているわけではない。運営資金は、会員からの年会費、論文誌への論文掲載料、大会への参加費、企業等からの寄付金などによって賄われている。そのため会員数が一万人を越えるような大きな学会は別として、千人以下の学会では財政的にはギリギリで運営していることが多く、事務局には専従の担当者を置くこともあるが、時間雇用職員や外部委託している場合も多い。

また運営を司る理事会などの上部組織も、研究者である会員のボランティアであることが多いが、その大半は大学や企業で仕事をもっているため、過大な負荷を担当することができない。そのため、たとえばウェブサイトの作成や更新、大会プログラムの編成やデザインといった大きな仕事については、外注する場合もあるし、教員が院生などのアルバイトによって対応している場合もある。

通常、複数ある各種委員会については、出席者に交通費として一律1,000円程度を出している学会もあるが、遠隔地からの参加者の場合は例外として、たいていの場合、委員には無料で参加してもらっている。また論文の査読というのは、かなり負担の大きな作業なのだけれど、これについても査読料が出ることは少なく、無料奉仕の場合が圧倒的に多い。このように、学会というものは、その裏方の運営作業においては、できるだけ経費を削減するようにしている。それもこれも、学会に参加し、その運営に参加するということが、研究者としての

アイデンティティを確認する手段の一つになっており，関係者のモチベーションを高めているからだろう。

　既存の学会は，特に大きくなればなるほど保守的な傾向を示すようになる。学会としての権威を示すことが大切だ，と公言する理事がいたりもする。反面，こうした保守性に反発する気持ちから，あるいは境界領域として立ち上がってきたものをそれなりに自立させようという意図から，近年は，新たな学会が創設されることが多くなった。ただ，会員となる研究者の立場からすると，沢山の学会に入れば，その年会費等の経済的負担が大きくなる。そのため，新規の学会が立ち上がるごとに，既存の学会が会員数の減少に悩むという状況も発生している。会社や大学から年会費に対する補助がでる場合もあるが，多くの場合は研究者が自腹を切っている。もちろん大会への参加については出張扱いで費用を負担してもらえるのが普通だし，場合によっては論文誌への投稿費用を助成してくれる組織もある。

　このように，十分な活動を行うには，経済的な面とマンパワーの面で学会には十分な余力がないのが現状である。企業から学会への寄付金は景気に左右されるし，マンパワーの面でも企業には本務第一という考えがあるため，各学会はその運営に腐心している。

3.4.2　学会誌

　学会誌は学会が持っている中心的機能の一つである。従来は，最新動向の解説などの記事と査読付き論文が一冊にまとまっていることが多かったが，最近は両者を別にして，会員に対して特集を組んで解説記事を掲載したり，理事会の報告をしたり，研究会の活動予定，会員異動などの情報を提供したりするものと，査読付き論文を集めたものとを分けているケースが多い。さらに大規模な学会では，日本語の論文誌と英語の論文誌を区別していることもある。

　国際会議のプロシーディングス (proceedings) でもそうだが，これらの論文は，著者にとっては他の研究者に読んでもらい，また引用し

てもらいたいものであり，そのためには検索可能なデータベース（リポジトリ）に登録されることが必要になる。したがって，データベースへの登録がなされない国際会議は，発表しても意味がないという理由で，研究者に敬遠される傾向がある。なお，こうした情報の検索について，日本では**国立情報学研究所**がCiNiiという大規模なデータベースを提供している。海外にも同様のものがあるが，実用的な観点からはそれらをまとめて検索できる**Google Scholar**が便利である。

なお，検索する研究者にとっては，キーワードから関連する論文が見つかっても，それをPDFのような形で無償提供しているものもあれば，その書誌情報だけの場合もあるし，国際誌の場合，PDFのダウンロードに20ドルや30ドル程度の費用を必要とするような有料の場合もある。もちろん手間はかかるが，国立国会図書館などの大規模な図書館に行けば，ISSN番号の付いている雑誌は閲覧やコピーが可能である。

学会誌に掲載される論文は，査読付きのものが一番価値の高いものとされている。厳しい査読を経て，採録され，さらに必要な訂正などが行われていれば，内容についても信頼できるからである。業績審査の時にその次のランクになるのが，ショートノートとか報告，資料，解説といったカテゴリーである。

学位審査の場合には，提出の前提要件として，査読付き論文を2,3編必要とすることが多いが，そのため論文誌には学位取得を目指す若い人たちの論文が集中することになる。助教から准教授へ，准教授から教授への昇格についても同様の事情がある。論文誌は，このように学位取得や昇格を目指す若手研究者の業績確保の場となってしまう傾向があり，その結果，論文誌には「読んで面白い論文」が少なく，読むなら通常の学会誌の方がよい，という傾向もでてきている。論文誌は一般会員にとってのメリットが低いということから，それをコストの低い**オンラインジャーナル**にしようという考え方もある。

論文誌の価値を維持するための活動がレビューである。同じ研究

者仲間によって行われるという意味でピアレビュー（peer review）と呼ばれることもある．学会によって異なるが，新規性，有用性，論理性，独自性などが評価基準として用いられる．誰にレビューを担当してもらうかを決めるのが編集委員会で，そこで論文の内容に適合したレビューアが選出され，本人への打診を経て論文が送られ，査読が開始される．この場合，実世界における人間関係が影響しないようにとの配慮から，論文執筆者の氏名は隠され，またレビューアの氏名も執筆者には分からないようにするという**ブラインドレビュー**のやり方が一般的である．ただし，学会によっては，論文執筆者の氏名を付けたままレビューに入ったり，レビューアの氏名が公表されるところもある．レビューには期間が設定されていることが多いが，レビューアの繁忙さなどの事情から1年以上かかる場合もある．

　論文審査の際，レビューアによって厳格さのレベルが違ったりすることもあるし，問題に対する見解の相違が評価に影響したりすることもある．その意味では，レビューアが選定された時点で，その論文の"運命"はある程度決まってしまうと考えることもできる．こうした理由で，論文のレビューに絶対的な公平さを求めることはできず，レビューは意味がないと主張する人たちもいる．事実，ある学会で棄却された論文が，その後，ほぼ同レベルの別の学会で採択される，ということも起こりうる．

　また，国際会議でも同様だが，論文誌についてもランキングが付けられており，レベルの高い論文誌に採録される方が低い場合よりポイントが高くなることが多い．ただし，そこまで細かく評価してポイント付けをすることに対しては，たしかに数値は出るものの，それにどれだけの意味があるかを疑問視する向きもある．

3.4.3　学会の大会や研究会

　学会の一方の中心的機能が論文誌の刊行であるとすれば，他方の中心的機能は大会の開催だろう．一般の学会では全国大会が年に1

回開催されるのが普通だが，年に複数回開催される場合もある．大規模な学会では，全国をいくつかのブロックに区切り，ブロックごとの大会を催していることもある．また大会の他に，テーマごとに集まって研究会を開催することも多い．

　大会に含まれるイベントのうち基本となるのが論文発表である．大会については査読を行わない学会もあるが，査読を行っているものもある．特に国際的な大会では査読を行うのが普通であり，そうした学会での発表を，業績審査で査読付き雑誌論文と同等に扱う大学もある．査読の結果により論文発表を**フルペーパー**と**ショートペーパー**に区別し，発表時間に差をつけるやり方は比較的一般化している．ショートペーパーの次にランクされるのがポスター発表である．しかし，学会によっては参加者が多すぎるため，すべての発表をポスター発表にしてしまっているものもあり，こうした場合はランキングとは関係がなくなる．

　その他のイベントとしては，**講習会**（チュートリアル），ワークショップ，キーノートプレゼンテーションなどがある．**ワークショップ**については，欧米の学会と国内の学会ではやり方の違うことが多い．欧米の場合，まずセッションオーガナイザが提案書を提出し，それが査読を経てアクセプトされると参加者を募集する．参加者に対してはセッションオーガナイザが参加希望者に対する審査を行い参加可否の決定を行う．したがって，こうした場合のワークショップはクローズトなものになる．これに対して，国内では，ワークショップはオープンなものとし，事前登録しなくても参加できるようにしていることが多い．

　こうした大会を運営するために，通常，**実行委員会**と**プログラム委員会**が設置される．実行委員会は，財務，会場，機器設備，広報・ウェブ，出版などの業務を担当し，それぞれに委員が割り当てられる．財務は，大会成功のための基本となるもので極めて重要である．参加者の規模を予測し，参加費や発表費を決定し，収支を予測する．特に大きな学会では天災や事故などのために大会が開けなくなった場合

を想定して，保険をかけることもある。会場として，国際会議ではホテルを会場とすることもあるが，小規模な国際会議や国内の会議の場合には，一般に会場費のほとんどかからない大学キャンパスを会場とすることが多い。機器設備として重要なのは無線LANの提供である。有線LANを使用していた時代には会場内をLANケーブルが走り回る光景も見られたが，今は昔である。広報・ウェブについては，一つは財務と連携しながらスポンサーを探して助成金を獲得する仕事がある。また，最近は紙のポスターやプログラムを用意せず，ウェブだけで情報を流す大会も増えてきた。大会実施の案内も，複数のメーリングリストに情報を流すことが多い。出版については，論文集の刊行について，紙を廃止してCD-ROMやDVD，USBメモリなどでそれに代えるケースが増えている。

　プログラム委員会は，大会のプログラムの編成を担当することになるため，論文募集や査読者の募集，査読の実施と採択発表の決定，そして会場規模を考慮しながら全体のプログラムを編成するという作業がある。発表を1人1件に限るケースもあるが，複数の発表を許している場合には，その時間的オーバラップを避けるため，セッションの時間枠を考慮する必要もある。さらに機器展示や書籍展示のコーナーのための募集を行ったり，チュートリアルの募集や審査，キーノートプレゼンターへの交渉などを行う。

　このような活動は，基本的には研究者のボランティアによって支えられている。論文誌の場合もそうだが，研究者は，自分たちの研究領域を発展させるため，また若い世代を引き込むため，無償であっても，こうした活動を熱心に行っている。

3.4.4　学会の伝統とアカデミズム

　学会には長い歴史を持つものもあり，そうした学会では往々にして伝統を守ろうとする保守的な空気が強くなる傾向がある。そうなると，新しい動向には眼を向けず，威信や権威を保つことが重視され，いわ

ゆるアカデミズムが活動を支配することになる。国際会議などでも，そのような学会では仰々しい挨拶が続いたり，フォーマルなディナーが催されたりすることが多い。

　もちろん，それでも参加者が増え，否，少なくとも減少することがなければよいのだが，世間一般と同様，学会でも世代間格差が生じてきている。若い人たちは，そうした権威を認めず，また従来になかった新しい潮流を作りだそうとする。アカデミアの世界は，既に多かれ少なかれそうした時代の波をかぶり，徐々に変質してきた。学問の分野によってその程度には差があるが，ともかくも権威主義から実績主義へ，保守主義から革新主義へ向けて動き出している。

　そうした変化は様々な場面に現れている。まず，発表の仕方だ。文系の一部の領域では，いまだに発表者が口頭で発表を行い，聴衆はメモを取りながらそれを聞く，という形式のものも残されているが，多くはパワーポイントを使った発表になっている。そのメディアも，初期の頃はスライドであり，カラーフィルムは高価だったので，アンモニアの蒸気で現像してブルーバックに白抜き文字のスライドを自作するようなことをしていた。しかし，スライドは裏表や上下左右を間違えやすく，しばしば裏返しやひっくり返った画像が投射されることがあった。次いで現れたのがOHPで，これも手書きの時代から，複写機を利用してフィルムに焼き付ける時代を経てきた。パワーポイントのようなプレゼンテーションソフトが使われるようになった初期の頃は，パソコンとプロジェクタの相性が合わずに，講演者が立ち往生する光景もしばしば見受けられた。

　現在では，技術系の若手研究者が集まる学会では，聴衆は，発表を聞きながら，それに対する意見やコメントを持参したパソコンに打ち込み，それがLANを経由して別のプロジェクタによって聴衆に向けて投影されるというインタラクティブな形式が使われていることもある。ツイッターなどのSNSを使って意見交換をしていることもある。さらにUstreamを使って，その発表の様子が全国にライブ送信され

ることもある。こうした新しいICTシステムの利用は、まだ過渡期という印象があり、いずれ何らかの形に収斂してゆくものと思われるが、ともかく若い人たちは前向きにこうした発表の場を変えていこうとしている。これに対し、中高年の世代の研究者には、いまだにパワーポイントのスライドの作り方や発表の場での操作がよく分からない人たちもいて、世代間ギャップが存在している。

予稿集の配布も、以前は紙だけであり、大会会場で重い予稿集を持ち歩く姿が普通に見られた。しかし既に述べたように、CDROMやDVDやUSBメモリが同梱されるようになり、現在ではそうした電子媒体だけで紙の予稿集が廃止された学会も少なくない。一時的に、電子媒体に入っている論文の一部をプリントするサービスを試行した学会もあったが、特にUSBドライブポートはノートパソコンに付属しているので、それも廃止されるようになった。

また理事会での審議や議決においては、Skypeや電話会議などのICTシステムを利用して、遠隔地の参加者や仕事の関係で会議だけしか参加できない参加者が議論に参加できるようにしているところも登場してきた。

発表形式などのコミュニケーションに係わる部分では格段の進歩を見せた学会の場ではあるが、それ以外の面、たとえば査読という形式や学会賞の選定など、学会の質と権威を保つための一部の仕組みについては在来のやり方を継承していることが多い。

また研究領域についても、日進月歩で新たな領域が作り出されているが、これが既存の学会に適合しない場合も多い。特に境界領域的な部分については、AとBの境界であれば、Aの学会ではB的に過ぎるし、Bの学会ではA的に過ぎる、ということがある。こうした時、やはり特に若手の研究者に多いのだが、新たな領域について新しい組織や学会を設立しようとすることがある。そうなると既存学会でも対策として新しい試みを取り入れるようになり、いまや学会は混沌とした、しかしながらダイナミックな時代に入っている。

3.4.5 学会活動の受け止められ方

学会のメリットについては本節の冒頭に書いたとおりだが，研究者がそうした活動にどこまでコミットするか，コミットできるか，という問題もある．大学の研究者の場合には，自分の経歴の一部として，学会の委員会に参加したり，主査を担当したりすることは，むしろ奨励されることが多いが，企業の研究者の場合はそうではない．

企業は営利活動を行う場であり，慈善活動を行う場ではない，という考え方は，多くのマネージャによって研究者に対して示されるものである．学会活動は，直接的にまた短期的に企業利益に直結するものではないから，業務管理をする立場からこうした見方が出てくるのもやむを得ない面がある．特に経営状況が厳しくなるにつれて，本務優先という原則によるしばりがきつくなることが多く，企業に属する研究者の頭を悩ませることになる．学会の大会への参加にしても，発表論文を提出し，査読に受かって採択されていることが前提条件となっているのは普通であり，極端な場合では，予算がないからと採択された発表を断念せざるを得ない場合もある．

また，企業の研究所の活動を行っていてそれを発表することには寛大であっても，委員に就任したり，何らかの学会の仕事を頼まれたりしてしまうことについては，基本的に消極的であり，そうした仕事は休日にやらざるを得ないことが多い．しかし，研究者によっては，業務放棄と判断されないギリギリの範囲で，そうした活動に積極的に参加していることもある．そうした研究者は，いずれは大学に出ることを考えているケースが多く，発表業績を溜めたり，非常勤講師を担当して教育歴を付けたりする努力をしている．

企業の中には，基礎研究所というような場を作り，なかなか企業では取り組むことが難しいと考えられている基礎的な課題に研究者を取り組ませていることもある．ただ，そうした場を設けることが，企業の研究者に潜在する不満のガス抜きになっていたり，企業姿勢を社会にアピールするための見せ筋になったりしていることも多いように見受け

られる。また，そうした基礎的研究の成果は，むしろ直接企業利益に結びつかない"遠い"話であるべきだと誤解する基礎研究者もいて，何の役に立つのか分からないような研究に血道を上げてしまうこともある。

ともかく，学会活動に対しては，概して消極的なのが企業の基本姿勢であり，学会活動に熱心な研究者は，ラインから外れた位置に置かれてしまうこともある。しかし，企業に対しては，もう少し長期的な視野をもち，学会というものが学問全体の進歩発展にどのように貢献しているのか，そのなかで研究者による活動がどれだけ重要なのかを考えることを，特に管理者に対して期待したい。

4. 研究活動へのスタンス

ここでは，研究者が研究者として生きていくための基本的指針と僕が考えることを書いてゆく。ここは価値観に係わるもので，僕とは異なる価値観の研究者がいることは当然予想される。では，どのような価値観があるか，という点については，古典的なものではあるが20世紀初頭のドイツの哲学者**シュプランガー**（Eduard Spranger 1882-1963）を参照することにしたい。彼は，人間の**価値態度**を

- **理論的価値観**（theoretical）... 真理の発見を重視する。
- **経済的価値観**（economic）..... 有用性や利益を重視する。
- **審美的価値観**（aesthetic）....... 美や調和を重視する。
- **社会的価値観**（social）............ 人間への愛を重視する。
- **政治的価値観**（political）........ 権力を重視する。
- **宗教的価値観**（religious）........ 普遍的真理としての宗教を重視する。

に区別した。このうち，本書で重視しているのは理論的価値観である。しかし，研究者の中には，経済的価値観や社会的価値観，政治的価値観などを重視する人たちがいることも確かである。もちろん，

この価値観は悉無律的な類型ではなく, 特性論的に, どの価値観をどの程度強く持っているかという形で受容すべきものであり, 政治的価値観が強い研究者だからといって理論的価値観がゼロである, ということは考えられない。

4.1 個人的スタンス

4.1.1 自分を守れ

研究者の唯一最大の財産は自分自身である。また, 人生のなかで研究者として活動できる期間はたかだか30～40年間しかない。夭折してしまうことだってありうる。その貴重な時間を有効に使い, 悔いのない人生を送るためには, 研究者は兎にも角にも自分を大切にしなければならない。

まず, **自分**にとって研究というのはそもそも何なのか, 自分の人生で研究をすることにどういう意味があるのかを真剣に考えるべきだ。学問の進歩に殉じることがよいのか, 企業の発展のために身を捧げることがよいのか, ということだ。それ以外にも考え方はあるだろう。研究者も他の多くの人々と共に作り上げている社会の一員であることは間違いないのだが, その社会に対してどのようにして個としての自分を位置づけるかを考える, ということだ。

研究をすることそれ自体が自分の生き甲斐と感じられるなら, 研究活動によって学問の進歩に殉じるのも企業の発展に身を捧げるのもよいだろう。どのような形であっても, まず第一に考えるべきなのは, そうすることが自分にとって, 自分の人生において, どういう意味を持つのかということだ。少しでも「こういうことをしていていいんだろうか」という疑念が沸くようであれば, そこを深く考えるべきだろう。また, 特にそうした内省的な傾向を持った人であれば, 自分の人生のあり方と, その中における現在の活動の意義を深く考えてほしい。

4.1.2 目標を明確化する

そのためには，まず自分が研究する目標を明確にすることだ。ここでいう目標というのは，研究課題の意味ではない。なぜ研究をするのか，ということだ。どのような目標でもいいが，それを実現するために自分の中で準備はできているか，環境の整備はできているかということだ。

判断留保であってもいいだろう。もちろん，その状態が数年以上続くようであれば，早めに自分の進路を切り替えた方がいいが，判断留保しながら徐々に明確になってくる目標があれば，その方向に進めばいい。

知りたいという気持ちだけでは単なる勉強家になってしまうが，いろいろなことを勉強しているうちに特に自分の関心が集中することが見えてくることもあるだろう。そうであれば，そこに向かって突き進めばいいのだ。これも判断留保と同じで，同じ状況が数年以上続くようであれば，勉強は勉強として続けながらも，生活の糧を得るために別の道を探した方がいいだろう。

未知の世界に入りたいという気持ち。この知的探検の世界に入ることができ，未知の方向性をつかむことができたら幸せだと考えよう。ただ，その気持ちはあっても，どの方向に進むべきかが見えてこないようであれば，やはり研究者としての道を歩むのは厳しいと考えるべきだ。

自分を高めたいという動機はすばらしいものだが，何をすれば自分が高まるかを見出すことが困難であれば，やはり別の道を考えた方がいい。研究をすることだけが自分を高めるための道筋ではないのだから。

何かを作りたいという気持ちがあり，その「何か」を具体的に明確にすることができるのなら，開発型研究の道を進むのがよいだろう。ただ，自分のなかでの目標が明確でないままにものづくりに励むのは研究者としての態度ではない。それは研究者ではなく開発担当者である。

ともかく，目標がつかめる状態になれれば幸せであると考えよう。もちろん，その目標は研究生活を送るなかで変化することもある。し

かし，それまでに培ってきた研究生活のパターンは（それが常套化してしまうと，別の意味での危機ではあるが），新たな目標にも適用できるものだろう。

4.1.3 自由を確保する

研究者には**自由**が必要である。自由というものは与えられるとそれをどう使っていいのかが分からず，その意味で恐いものでもあり，人によっては自由から逃れるために研究という枠組みの中に逃避するという言い方をしていることもある。しかし，やはり自由は与えられていないと息苦しくて死にそうになる。たとえ肉体的に生きていても精神的に死んでしまうのは悲しいことだ。

自由にはいろいろな側面がある。**経済的自由**は，研究を遂行するための資金の確保によってもたらされる。金がないからといって，不本意な仕事をやるべきではない。アルバイトをすることもあるだろうが，そのために時間を使いすぎ，疲弊してしまってはいけない。もちろん最低限の研究生活を送るための資金は必要だが，豊かな生活をしながら研究をしたいというのは贅沢である。**時間的自由**は，自由の中でも特に重要なもので，経済的な理由から時間的自由を手放してはいけないと思う。

また**社会的制約**からの自由も重要なことで，ある政治体制や社会体制のもとで許されないテーマを研究したい場合には，ともかく隠れてでもいいからそれを遂行すべきだろう。また，その時代の常識に反しているからという理由で非難されそうになっても，それを恐れるべきではない。常識は時代とともに変化する。そして人間である個々の研究者は，すべての多様な時代を生き抜けるほど長命ではない。つまらない常識にとらわれて，自分の限られた人生を悔い多いものにすべきではない。

社会的制約には，その時々の上司の考え方や組織の使命によるものもある。それらから課される制約が，自分の気持ちに反しているな

ら，ともかくそこを脱出することを考えよう。そのためには数年以上かかるかもしれないが，それまでは我慢を続け，また「机の下」で自分のやりたいことを続けて行こう。

　不自由や制約から逃れると，不思議なもので一種の虚脱感に囚われることがある。それは，不自由や制約から逃れることがそれまでの自分の目標になってしまっていたからで，ようやく本来の自由な研究ができるようになったのに，その自由を活かしきれないのではもったいない。だから我慢を続けるにしても，本来やりたい研究は，机の下でも電車の中でも風呂の中でもいいから，考え続けることだ。そして不自由や制約から逃れたタイミングで，さっと頭を切り換えることが必要になる。

4.1.4　唯我独尊を大切に

　唯我独尊というと，自負心が強く，自尊心も強く，自惚れ屋で，どうしようもない輩のように思えるかもしれない。しかし，ここではもちろんそうした意味ではない。"この研究課題をやれるのは自分しかいない，自分がただ一人の存在なのだ"という切羽詰まった気持ちを持つことを意味している。いいかえれば，そういう気持ちを持つほどに自分を追い詰めることでもある。"自分がやらなければ誰がやる"という気概だといえばわかりやすいかもしれない。

　もちろんその領域には先人もいるだろうし，経験豊かな上司や先輩，同輩もいるだろう。もしかすれば，彼らは自分と同じような考えをしているかもしれない。世の中は広いのだから，自分と同じ発想をする研究者が他にいるかもしれない。これは確かにその通りだ。しかし，まったく同じ指紋のパターンが無いように，世の中の人は皆少しずつ，あるいは大きく異なっている。だから，他人が同じような考えを持つ可能性はあるが，それはある程度のところまでのこと。そのレベルであきらめてしまうのであれば，研究者としての自覚に問題がある。その先，さらにその一歩先，というように突き詰めてゆけば，必ず自分

のオリジナルな領域にたどり着くことができるはずだ。

4.1.5 出しゃばりや目立ちたがりになる

これも誤解されやすい言い方だが，実力もないのに出しゃばってはいけないし，目立とうとしてもいけない。無理をした背伸びは自分を足下から壊すことにつながってしまうだろう。反対に，相応の実力があれば，自然に目立ってしまうものだ。そうなった時，その自分を素直に受容して，時として出しゃばりと見られたり，**目立ちたがり**だと思われたりするようになることは構わないと考える。いいかえれば，周囲にやっかみを抱かれるほどに実力をつけるべきだ，ということになる。

周囲のやっかみや嫉みというものは，人間のどんなコミュニティにも存在する人間の基本的な感情だ。それを無理に刺激する必要はないが，無理に遠慮する必要もない。よほど無視されている"どうでもいい人"であれば別だが，誰からも否定的な感情を抱かれないということはあり得ない。否定的な感情を抱かれているのであれば，その火の粉を振り払ったり防火用水を振りかけたりするよりも，それを放置するのがいいだろう。自分の目標とする水準は，その人たちのレベルではないんだ，という気持ちを持てば，ずっと楽にそうした否定的感情に対処することができる。

ただし，一応のアンテナを張っておき，どのような反応が周囲にあるのかを知っておく努力はした方がいい。一生懸命に火を消してまわる必要もないが，つまらないことで火事を大きくするのも得なことではないからだ。

4.1.6 名を残すこと

これについて，僕は否定的な見方をしている。有名になるのは不愉快なことではないが，無理してなろうとするほどのことでもない。ともあれ，生きているうちに，同時代の人々から賞賛されることは嬉しいし，ポジティブな動機付けにつながっていくだろう。しかし，後世にま

で固有名詞としての自分の名前を残すことに，果たしてどれほどの意味があるのだろう，と思っている。

　人生も短いが，人類の歴史だって短いもの。そのなかで名前が残ったからといって，後世の人たちに名前が知られたからといって，それを嬉しく思える自分はもうそこにはいない。そして長い時間の中で人類の破滅や地球の破滅はまず確実にやってくるだろう。そう考えると，あまりに強い執着心を持つことにはどれほどの意味があるのかが疑問に思える。

　自分を大切に，という本節のスタンスは，あくまでも生きている自分のためのものである。死んでしまってからはどうでもいいのではないか。

　反対に，同時代の人々から否定され，無視されるのは悲しいことだ。異端審問にかけられた**ガリレオ**の気持ちは如何ばかりだったろう。いや，歴史には世の中の権威から否定されてきた人たちが大勢いたし，現代でも同じことが起きている。死後の名誉復活が政治的になされることには期待する気持ちがなくても，せめて研究の世界では自分のやってきた研究が認められてほしい，という気持ちを持つことはあるだろう。それを信じてゆけるほどの強い信念を僕は持っていないが，それはほどほどに自分の研究が世間に認められているという個人的状況にも関係しているだろう。果たして，世の中の全てが自分に反旗を翻したら，いや，そこまで注目されるなら否定的に見られていてもまだそれなりの意義があったと考えられるが，塵芥（じんかい）として無視されてしまう状況に置かれたらどんな気持ちでいられるかと思うと，正直なところまったく自信はない。しかし，僕のやってきたこと，やっていることに，後の時代にそれほどの意義が認めてもらえるかどうかは分からない。小市民的かもしれないが，同時代人にそこそこ受容される，という形に満足せざるを得ないのかもしれない。このあたりは正直言ってよく分からない。

4.1.7 深謀遠慮が大切

　自分の生き方や研究の進め方について長期的視野を持つことは，一般的にも重要なことだが研究者にとっても大切だ．また長期的視野と同時に広い視野を持つことも大切だ．自分のやっている研究がどのような応用につながるか，その応用領域が今後の世の中でどのように受け入れられるのか．そうした予測を持たずに，一時の興味関心で突っ走ってしまうのはお勧めできない．

　そうした予測ができるようになるためには，社会の現状や国際情勢にまで眼を配っておく必要があるし，人間という生物に固有な特性を考慮しておく必要もある．たとえば，核家族の比率が増してきている現状ではあるが，それが大家族に戻る可能性はないのか，また反対に家族というユニットすら崩壊する可能性はないのか，ということを考えるのは，これからの市場のあり方を予測することにつながる．同様に，食生活はどのように変わるか，そのタイミングは1日3食のままなのか，栄養や健康に対する意識は今よりも高まるのか，味の好みはどのようになるのか．また，在宅勤務は今後普及していくのか，それとも逆に衰退していくのか，交通手段としての電車の位置づけは今後も高まるのか，電車の混雑緩和はどのようにして可能になるのか，自動車はどういう場合に使われるようになるのか，エネルギー源の比率はどのように変動するのか，石油や天然ガスはエネルギー源としてよりも材料源としての位置づけが高まるのか，パソコンはいつまでWindowsの世界でいるのか，OSにはどのような形態が望まれるのか，テレビよりもネットによる映像視聴が高くなるのか，などなど．また東南アジアの諸国は市場なのか，工場なのか，アフリカや中南米はどうなのか，中欧はどうなのか，人材の移動は今後さらに激しくなるのか，東アジアの政治情勢はどうなるのか，世の中の潮流として大企業志向は今後も変わらないのか，それともある特性や能力水準の人たちだけの傾向になるのか，等々．さらに，人間の身体特性は現在と変わらずにいるのか，それとも何らかの特性に変化が起きる可能性はないのか，アレル

ギー体質の人たちは今後も増加するのか,精神世界に対する希求は社会の底流として存在しつづけるのか,等々。

　こうしたことは挙げてゆけばキリがないが,そうした将来への洞察内容が今後の世の中のあり方を決定する要因として,自分の研究領域の5年後,10年後,20年後,30年後,さらには100年後にどのように関係するだろうかと考えることは大切だ。さまざまな研究領域を見ても過去から現在に至る間には色々な浮沈があった。同じようなことが今後起きないとは限らない。これらは,企業研究を目指すなら,市場の変動を踏まえて,どのような業種をあるいは企業を選択すべきかに関係するし,大学などでも研究予算の増減に関係し,受験生の質や量に関連した学部や学科の再編にも関係してくる。現在のまま,20年,30年とやっていける状況が継続されてゆく保証はどこにもない。その意味で,キャリアパスを考える際にはある程度の損得勘定をしておく必要があるだろう。もちろん途中で研究領域を変更する可能性もありうるが,自分にどれだけの柔軟性があるか,また基礎技術や基礎知識としてもっているものがどのような分野なら活かすことができるかを認識しておく必要もある。

4.1.8 策謀家

　これは組織のなかを見渡して,親分的人物を見つけてその下につき,いつかそれを乗り越えて自分が親分になる,というような策謀の意味ではない。前項の話とも関連して,諸般の状況を勘案して自分のキャリアプランを練り上げることを意味している。さらには,そのキャリアプランにとって必要な社会的基盤としての世論形成に自ら関与することをも意味している。

　世間というのはそれほど知的に動いているものではない。時に気分によって,時に短期的な見通しによって,また時には不安材料が知られることによって動いてしまう。そうであれば,自分の立場からでも何らかの策謀を巡らすことはできるはずだ。だからといって単純なアジ

テータになる必要はない。ただ，将来に対する問題意識を喚起することくらいはできるだろう。それはブログを使った活動でもいいし，同士を集めて研究会を開催することでもいい。社会を動かす際に人の数というのは大切な要因だから，仲間を集めて徐々にその運動を広めてゆくのがよいだろう。ある程度資金が貯まったら，フォーラムのようなイベントを開催し，マスメディアにも告知をして社会に対してアピールを行う。いったんそれがマスメディアに取り上げられれば，そこに力を注いで専門家として意見を提示し，自分の研究が重視されるような社会的素地を作りあげるのだ。

そんなにうまく行くことばかりではないが，未来の社会を予測するだけでなく，それを自分や自分たちの手によって変えていこうとする意志と行動力も重要なものである。

4.1.9 泥棒

これまた他人の業績を盗んでしまえ，という意味ではない。それはれっきとした犯罪である。そうではなく，貪欲に自分の専門領域以外の知識や方法論，技術を勉強して頂戴し，それを自分の研究に使ってみる，ということを言いたいのだ。

それは単に境界領域の研究をすることではない。ひところ文理融合などというキーワードが流行ったことがあるが，通り一遍の表面的なアプローチでうまくゆくわけがない。いろいろな領域の研究者は，単に知識や手技法の問題だけでなく，基礎となる考え方が違っているので，表面的な融合は困難だし，意味のないことも多い。多分野の研究者を集めるという役人的発想の融合では駄目なのであって，そこでは自分が基本にならなければならない。つまり，自分が泥棒になって貪欲に他分野の知識や方法論や技術を身につけ，それを自分の頭と自分の手で自分の研究領域に活かすように努力することが必要である。他分野の知識や方法論や技術は，その分野の対象に適合して作られてきたものだから，そのままではすぐに自分の研究領域に活かすこと

は難しい。だからこそ，自分の頭のなかでそれらの融合を図り，自分で統合的なアプローチを進めてゆく必要がある。

　専門家を集めて，分担しながら協働して研究をしていきましょう，というやり方は，そこそこ可能なことではあるが，抜本的な意味での新機軸の開拓にはつながらないことが多い。それはどちらかというと気楽なアプローチであるが，泥棒になるためには必死にならなければならない。その必死さが新しい視野の展開につながるのだ。

4.1.10 批判精神

　素直さは美徳の一つとされるが，せいぜいが子供時代の話である。いや，子供の時には素直さは大切で，あらゆるものを素直に吸収していこうという姿勢は大切なものだ。ただし，それは単純さとは違っていて，単純に「はい，そうなんですか」という姿勢でいるだけではそれですべては終わってしまう。単純さは知的な単純さであるが，素直さは精神の姿勢に関係している。だから吸収すべき時代には素直さは必要だし，それは泥棒となった時期にも併せ持つべき特性といえる。

　しかし，いつまでも素直なだけでもいけない。ある程度の年になったら，他人の話を聞くときは，吸収した方が得な部分を判別して吸収し，同時に，「なんかおかしいな」「なんか変だな」「ちょっと違っているんじゃないか」という感覚が芽生えたら，それをそのままにしておかず，感性を増幅してそこに焦点化し，その不可解さをきちんと分析することが必要である。この懐疑心や不可解さの感覚はまさに「ん?」という感覚である。サッと瞬間的に感じられ，最初は微弱なものであることが多い。放置しておけば，それはやがて忘却のかなたに埋もれてしまうが，メモを取るなりして保存しておき，後刻，そのことについて思索を巡らすのだ。僕の場合，学会発表を聞いているときには，こうした"夢想的状態"がしばしば発生する。その発表そのものを聞くのではなく，そこから派生して自分の研究に関係するようなことを考え始めてしまうのである。そうなると，もう発表を聞いているどころではなく

なるが，そのように自分の世界に没入していろいろと考えを巡らせることは楽しい。

この態度は，学会発表を聞いている時だけでなく，本を読んでいるときも，講演を聴いている時も，また何気ない日常会話をしている時にも維持しつづける必要がある。「変だ」「おかしい」という感覚は，各自の思考プロセスの微弱な反応であり，そこには宝が詰まっている。それを掘り下げるか，いや，話し手や書き手の言っていることを理解するのが先と考えるかは自由である。理想的には，その2つを並行してやれればいいのだが，結構たいへんなスキルである。

4.1.11 水平志向と上昇志向

人間の生き方には**水平志向**と**上昇志向**があると思う。一般に高齢者になると水平志向の傾向が強まり，現在のこの状態が維持できれば自分はそれでいい，といった考え方になりがちのようだ。しかし，若い人たちにもそういう考えを持っている人が多いことを知り，ちょっと愕然としたことがある。もちろん水平志向は生き方として非難されるべきことではない。それはそれで構わない。しかし研究者は常に上昇志向でいるべきだろうし，そうでなくなったらもう自分は研究者ではなくなったと自覚した方がいいだろう。

上昇志向というのは，右肩上がりとも言われるが，ともかく以前の状態や現在の状態からさらに上を目指そうとする志向性である。その縦軸が何なのかは個人の価値観によって異なる。より多くの知識を獲得し，より多くの技術を身につけることかもしれないが，それだけでなく，これまでの自分の考えを否定してさらに一歩進めた考え方を持てるようになることを意味すると考えた方がいいだろう。

いいかえれば，絶えざる自己否定が上昇志向には必要である。もちろんその自己否定は文化大革命の時の自己批判とは異なるし，「自分は駄目なんだ」という意味でのネガティブな心性とも異なる。今，自分はこのような考え方をしているが，そこにおかしい点はないかという自

己点検を絶えず行い，さらにおかしいと思われる点を糺してゆく姿勢を持つことだ。だから，僕は，言っていることが変化してゆく研究者を一貫性がない人として非難する気持ちにはなれない。その人なりに自己否定をして，一歩前進したのだろうと受け止めている。その人の業績を引用したり批判したりする人にとっては不便なことだろうが，そのような意見には耳をかさず，あくまでも「よりよい自分」を求めて前進してゆくのが研究者の条件と考えている。

その契機となるのは，自己批判だけでなく，他人による批判もある。他人から批判されるとムッとするのは人間だから仕方ない。しかしよくよく考えてみて，その批判にそれなりの道理があると分かれば，それを受容し，自分の変化，いやここでは進化といった方がいいかもしれないが，それにつなげてゆくことが大切だ。

4.1.12 公私混同

公私混同といっても，職場の備品を勝手に自宅にもって帰ったりすることではない。それは窃盗である。消耗品のレベルであればまま許されることもあるだろうが，あまり好ましいことではない。また自宅の備品や小型機器なんかを勝手に職場に持ち込むことでもない。まあそれはある程度は仕事の効率化のために許容されてもいいのではないかと思うが，多くの職場では建前として，それは禁止されているようだ。

ここで言いたいのは，公でも私でも，自分は自分，研究者としての自分であるという首尾一貫した態度を取るべきだ，ということである。退勤時間になってスポーツに興じるのは健康維持のためにはよいことだし，食事の時間には美味な食事に幸せを感じるのもよいが，頭の片隅にはやはり研究内容が息づいているような生活態度が必要ではないか，ということである。家族持ちなら家に戻れば家族が待っているだろう。家族と雑談をしたり子ども達と遊ぶのも大切なことではあるが，頭の半分は研究のことで活性化しておくことが望ましい。そして，フッと思いついたことがあれば，子ども達には「ちょっとごめんね」といっ

てデスクにもどり，パソコンを開く。そうしたことが研究者にとっては当然ありうることだと思っている。

いや，仕事を忘れてリラックスするのは，仕事をするときの集中力を養うためにも大切だという理屈は分からないではないが，研究者にほんとうのリラックスがありうるかどうか，僕は疑問に思っている。風呂という本来リラックスするための場で浮力の法則を発見したという**アルキメデス**（Archimedes BC287-BC212）の逸話や，庭のリンゴの落下をみて引力の法則を発見したというニュートン（Newton, I. 1642-1727）の逸話は，それが真実であったかどうかよりも，そうした状況においても研究的態度を持ち続けていた研究者の態度を語っているものとして意味があるように思う。

4.2 社会的スタンス

4.2.1 馬鹿の選別・切り捨て御免

世間には馬鹿が多い。これはスノビッシュな発言をしているつもりではなく，本当に馬鹿が多いと思っているからだ。そして，学位保有者にも研究者にも"そうした馬鹿"はいる。さらにいえば，ここで馬鹿と呼んでいるのは研究馬鹿という意味での馬鹿のことではない。平たく"頭の悪いひと"という意味である。

誤解を招かないために付言しておくと，研究者にも馬鹿はいるけれど研究者以外の人はすべて馬鹿である，などとは決して思っていない。いわゆる普通の人，これはキャリア官僚や企業経営者などの社会的地位とは関係なしに言っているのだが，それらの市井の人たちのなかにも頭のよい人は沢山いる。要するに，研究者だからといって賢く，そうでないから馬鹿だ，ということではまったくないのだ。

では，どういう人が馬鹿なのかというと，そのことが分からないようならあなたも馬鹿の1人である，とまでは言わないものの，まあ，分かる人には分かる，という位は言ってしまいたい気分である。ここに書い

たような発言をすると，決まって「どういう人が馬鹿なんですか」と聞いてくる人がいる。するとちょっと考えてしまう。この人は，これまでの人生でそうした印象を抱いた経験がなかったのだろうか，と。もちろん，ここまで読めば，これが差別を意図した発言ではないことは理解していただけるだろうが，それでも「その馬鹿っていう言い方は差別的じゃありませんか」という人もいる。かならず1人2人はいるものだ。こういう発言を聞くと，僕は「まあそうですねえ」と言って言葉を濁す。こうした人と議論をしても意味がないと思うからだ。

この"議論をしても意味がない"と言う態度が"切り捨て"ということである。馬鹿な人は切り捨てるしかない。そういう人には自分の生活のなかに入ってきてほしくない。したがって賢い人は，まずこうしたことは言わない。たしかにそれが賢明だろう。

ともかく，自分がその人とのやりとりをして幾許かの時間を費やしてしまうことが勿体ないと思えたら，その人を切り捨てるしかない。そういう人と話をしても疲れるだけである。自分の貴重な人生の残り時間をそうやって無為に過ごしてしまう必要などどこにもない。

4.2.2 社会貢献・企業貢献

否が応でも人間は社会に組み込まれている。その存在や影響，そしてその利便性を無視して生きることはできない。だから社会に対して幾許かの貢献をしようという志は貴重なものだと思う。ただし，別に赤い羽根をつければいいわけでもないし，災害復旧のボランティアとして出かけなければならないわけでもない。研究者としての自分のスタンスから何ができるかを考えることが第一のステップだと思う。そして，自分の研究が社会に対してポジティブな影響を及ぼせる可能性と，反対にネガティブな影響を及ぼしてしまう可能性を考えることが大切だ。ネガティブな影響の可能性に気づいた時には，どのようにしたらそれを防げるかを考えることも大切。自分でそれを防ごうとするやり方もあるだろうし，ネガティブな可能性について世間に

周知させようとするやり方もあるだろう。既に触れた**シンギュラリティ**(singularity) の問題についても，同様なことが言えるだろう。世間への周知を試みることは，社会に学習の機会を提供するという形での社会貢献になる。たとえば集団心理については，幾人もの社会学者や社会心理学者がそのことを指摘してきたが，社会を愚かなものと決めつける前に，社会が持っている学習能力に期待するようにしたい。

　企業に勤めている研究者は，自己判断を行う以前に大原則としての企業貢献を要求される。大学よりも高い給与を貰っているのだから仕方ないだろう，という言い方はあまりに冷たいものだろう。だが，企業貢献に対する要求は，時として個人としての研究者の価値観と相反することもある。特に営利活動という企業目標との葛藤や，不良品や事故に対する社会的非難を回避しようとする企業姿勢への反発などがありうる。それが耐え難いほどになった時には，身の置き所を再考するのがよいだろう。そのためにも，事前に複数のキャリアプランを構築して冗長性を高めておく必要がある。

4.2.3　組織との距離

　これは特に個人的意見としての性格が強いが，僕は組織とは適切な距離感を保つことが大切だと思っている。いいかえれば，研究者は，万一自分がその組織を離れることになっても，あるいは組織が壊滅してしまっても，自分の力で自分の選んだテーマを研究し続けられるように心の準備やパーソナルな環境整備をしておく必要があるということである。帰属している組織に対して貢献することにはそれなりの意味があるが，そこにあまりコミットしすぎるのを僕は好まない。運命共同体となることを嫌っているといってもいい。ほどほどに関与するに留めるのがいいと思っている。それは，その組織での職位の向上を目指していないからでもある。いや，もちろんそれを拒絶する理由はないのであって，ほどほどに，不便をかこつことがない程度に職位が向上すればそれでいいだろうと思っている。

ビッグサイエンスや組織的な共同研究体制が不可欠な研究領域の場合には，設備環境や組織構成が重要な意味をもってくるから，こうしたスタンスを取ることは難しいとは思うが，それ以外の多くの分野では，こうしたスタンスでも組織で研究をしていくことはできるだろう。

　なぜそこまで個人的スタンスを重視するかといえば，それは，研究テーマは本来自分で考え，自分で育て，自分で完成させてゆくものだと思っているからである。自分あっての研究であり，自分のための研究だと考えているからだ。

4.2.4　リスク分散

　自分を守ることに通じるのだが，予期していなかったリスクを回避する一つの方策は冗長性を高めておくことだ。自分の性格が融通の利かないものであれば，このアプローチはまず自己改造から始まることになる。研究テーマに関しても，それを多面的に眺め，どのような側面からでも研究が続けられるように準備しておくのがよい。社会的な関係でいえば，一つの組織の中だけで頑張ろうとするのではなく，複数の組織，それは学会などを経由した対人ネットワークの構築も含めた話なのだが，万一の場合にはどこでも研究ができるように考えておくべきだろう。場合によれば，一時的には著述やコンサルテーションという形で生き延びられるようにしておくのもよいだろう。もちろん，帰属する組織の中でも，特定の親分に尽くすのではなく，バランスをとりながら複数の人物と有効な関係を築くようにするのがよい。

　このような社会的な知恵は，純粋な研究者には案外理解されていないことが多い。純粋な研究者というのは，自分の現在いる場所でしかできず，そこでしか意味をもたないようなテーマを研究しがちである。余計なことは考えずに純粋に研究者として生きることを目指している。そうした生き方はピュアなものではあるが，時にその脆さを露呈する。ただし，これは価値観にも関係しているので，そうした人々にリスク分散の意義や必要性を説いても耳を貸してもらえないことが多いのも事

実である。

4.2.4 後継者の育成

　自分の後継者を育成することは，新たな研究の流れを作ることである。ただし，後継者というのは，何でもハイハイと言うことを聞く人物のことではない。時には真っ当な批判的意見を述べてくれたりして，研究テーマの深化にとって有用な人物でなければならない。後継者を育成するのは，自分がボスになって権威的価値観を成就するためではない。

　しかし，人間は多様である。その中から，有能で，積極性があり，将来への可能性もある人物を見つけることは案外困難なことである。だから下手に後継者育成に熱心になりすぎると，余計なお荷物を背負い込むことになってしまう場合もある。当然，そうした場合には「切り捨て御免」をする必要がある。

　だから，**後継者**としてのコンピタンスを持った人物に出会えるのは，まあ10年に1度くらいの頻度しかないと考えておいた方がいいだろう。それでも，そうした人物に出会うことができれば，自分の研究も飛躍的に加速される。相互に刺激しあえる人物に出会えることほど幸運なことはない。もちろん，そうした人間から"切り捨てられ"てしまわないためには，絶えざる自己研鑽が必要になる。

4.2.5 家庭生活

　これは案外大変な課題である。研究生活と家庭生活を両立させるには，いや，研究生活を主軸にして家庭生活をも円滑に行っていくためには，よほど注意して伴侶を選ばなければならない。もちろん，女性であれば単に可愛いとか美人だというだけでは，また男性であれば格好がいいとか美男子だというだけではいけません。そういうのは映画を見るかピンナップ写真を貼って我慢するしかない。

　相方の頭がいいことは研究者としての自分のあり方を理解してもら

う上でも重要だが，その頭の良さがどのような性質かがとても重要である。自分のやっていることをイメージとしてではなく，それなりに理解してもらえれば幸いだが，その程度の頭の良さは必要条件でもある。さもないと，家庭で孤独感を味わうことになり，家庭生活を送ることの意味が食事と睡眠だけになってしまうかもしれない。

　また本心からの愛情があることも大切である。内心で自分のことを軽蔑したり小馬鹿にしたりしているような相方は，数年ほど生活を共にしてみれば分かることなのだ（そのくらい生活を共にしてみないと分からないことでもあるのだ）が，共に暮らしていくことが苦痛になる。

　さらに研究者は自我の強いことが多いので，夫婦のどちらかが精神的許容度の高い人間であることも大切である。お互いに許容度が高ければ，もちろんそれに越したことはない。ちょっとしたことで不満を抱いたり，怒り出したりするような人物は研究者の相方としては不向きである。ともかく相手に対して無理をしないでもいられるような生活環境を作ることが重要だ。その意味では，能力的なバランスも考慮しなければならない。一方の研究者の能力が高く，相方の能力が低いと，相方のほうが卑屈になったり劣等感に苛まれたりしてしまうことがある。

　また，夫婦ともに研究者である場合，特に妻の妊娠や出産，育児に関しての負担に対する理解，行動をともなった理解が大切である。このあたりは僕の反省を交えて書いているのだが，夫だけが研究成果を出していくと，子育てに時間を取られる研究者でもある妻は焦燥感に駆られてしまうことが多い。もちろん，徐々にではあるが保育園等のインフラも整備されてきているので，それを利用するのもよいが，ともかく日頃から家事を含めて夫婦の負担は相互に負担し合うようにすることが基本だろう。

4.3 研究のティップス

4.3.1 外化する習慣

　企業の商品企画の会議などにはデザイナーがいるとよいと言われる．これは，デザイナーが議論の内容をもとにしてポンチ絵を描いたりしてくれ，そのポンチ絵を参加メンバーが見ることでさらにアイデアが発展するからだと考えられている．

　もちろん絵を描くスキルがなくてもいい．図形でもテキストでも数式でもいい．とにかく何か頭に浮かんだことを外部表現することは有用である．心理学的に考えれば，外部表現をすることは頭のなかの**イメージを外化**することであり，外化されたものは改めて認知プロセスの対象となり，**対象化**されたものの認知がさらに精神的活動の刺激になるからだといえるだろう．

　ホワイトボードの存在意義は，単に議事録をテキストで書いていくためだけではない．そこにアイデアの断片を書き，それを見ながら議論をするとよいという経験は誰でも持っているだろう．またポストイットに断片的なアイデアを書いて，それを模造紙の上に並べ，また並べ替え，サインペンでコメントなどを付け加えてゆくというやり方も既に一般化している．

　ともかく頭のなかにあることを外化する習慣を身につけるのは研究活動においても有用なことである．パソコンを使ったツールも幾つかあるが，これは案外使いにくい．経験的には，これはやはり紙でやるのがよいように思われる．

　僕の場合には，自宅に60×80cmくらいの紙を使ったボードを置いており，それを使って自分のアイデアの整理や相方との議論を行うことが多い．模造紙ほどのサイズではないが，家庭でちょっと使うにはこの大きさは適切なように思われる．

4.3.2 風呂と電車の効用

これもよく知られていることではあるが，**風呂**と**電車**は考え事をしたりアイデアを練ったりするのに最適な環境である。風呂に入っている時は脳内の血の巡りがよくなるからなのだろうか，色々と考えを巡らすのにちょうどいい。できることならダイビングショップで売っている水中用のメモ用紙を置いておき，浮かんだアイデアを書き留めるようにするといいだろう。もちろん風呂に潜ることをお薦めしているのではない。

電車は，その振動とノイズが適度であれば，やはり考え事をするのによい環境である。ただ，座れないとそのメリットは半減するが，それでもつり革につかまりながら窓の外の景色を見ながら考え事をするのはよい。振動のせいなのか，単調な音環境のせいなのか，窓外の景色の移り変わりのせいなのか，原因はまったくわからないが，少なくとも経験的には風呂とはまたちがった意味合いでアイデアを練るのに向いている。

もしかすると，まったくの**孤立した環境**であることも関係しているように思う。それと身体に対する**適度な刺激**があること。だから椅子に座るにしても，普通の椅子よりは揺り椅子の方がいいように思っている。

その原因は不明で，近年流行している**身体性**という概念とも関係ありそうに思うがよく分からない。想像を逞しくすれば，知性の身体性という概念を措定することによって，大脳における神経細胞の活性度や血流量に対して，温度や振動や音響などの外的刺激が直接的に，あるいは感覚経路を通して間接的に作用し，その結果として知的情報処理が活性化される，というような仮説を描くことはできるが，このあたりはこれからの研究課題だろう。少なくとも，脳髄は適度な刺激によって"揺さぶられる"ことでアイデアの着想に至ることがある，という経験的事実は認めてもいいのではないかという気はするが，しかし脳科学的な根拠はない。

4.3.3 古典への接近

別に哲学を専門としていなくても，プラトンやデカルトやパスカル，ハイデッガーやキルケゴールなどの著作を読むことは，頭の整理になる．自分の専門と直接関係しなくてもよい．彼らの著作には，哲学史のなかでの位置づけがそれなりに定まっているが，乱暴にいうことを許してもらえば，そんなことはどうでもいい．ともかく過去の英知が考えたことに直接触れること，といっても多くの場合は翻訳を通してということになるが，それは違った角度から知のあり方を考えさせてもくれる．

そんなもの，20代の頃に読んでしまったという人にも，あらためて再読することをお勧めする．自分の成長にともなって読み方というものは違ってくるし，印象も違ってくる．

カビの生えたような古典は嫌だ，という人にはレヴィストロースやアドルノやボードリャールあたりでもいいだろう．ともかく知は知を刺激する．だから解説本ではなく必ず原典を読むようにしたい．

原典といえば，専門としている領域でも，古典といわれるものはあるはずだ．これらについては大抵の人々は後世に書かれた解説書を読むことで理解しているつもりになっているが，やはり原典主義をお勧めしたい．もちろん，原書の読解が主になってしまうと効率は悪いが，部分的な断章からも意外な側面が見えてきたり，その論説の本意が見えてきたりすることが多い．

4.3.4 T定規アプローチ

これは僕が日立製作所の中央研究所にいたときに聞いた話なのだが，製図に使われるT定規のように，自分の専門領域についてはT定規の縦棒のように深く学ぶことが大切だが，それ以外の領域についてもT定規の横棒のように浅くてもいいから広く知っておくことが大切だという話である．

特に理工学系ではT定規でいいと思うが，相互に関連する度合いが

強い文系社会系の場合には逆三角定規をお勧めしたい。関連の度合いに応じて，その分野の専門家に近いほどに深く学んでしまおうということである。

4.3.5 人生を楽しもう

自分に出来ていないことまで含めて，尤もらしく書いてきてしまったが，最後に書きたいのは人生を楽しもう，ということである。一度しかない人生。それをどのように使うかは各人に任されているが，悔いのない人生を送るようにしたい。

僕の場合には，人類が生み出してきた精神的所産を可能な限りすべて追体験したいという願望があった。僕は，第1部に書いたように，自分にとって考えられるかぎりのやりたいことは可能で適法である限りやってきたつもりである。ただ，その結果がどうでした，あなたの人間性が深まりましたか，と聞かれると困ってしまう。時には研究生活が崩壊するのではないかと思えるくらい，色々なことに手をだしてきた。まあ，これが自分の人間性研究なんだ，と悔し紛れに言い聞かせてはきたが，ともかくこれだけの高密度な人生はなかなか送れなかったのではないか，と思っている。おかげで老後のための蓄えがなく，これからの人生の送り方については不安だらけではある。

もちろん高密度な人生を送ることだけが人生の楽しみ方ではない。芝生で横になっているのもいいし，子供づれで散歩にでるのもいい。とにかく悔いのない人生を送ること，これは研究者にとっても，一般の人々と同様，きわめて大切なことだと考えている。

付録

研究者と関連概念

1. そもそも研究者とは

　研究者について論じるためには，まず研究者という概念について確認をしておく必要がある。研究者と類似の概念もあるし，関係する概念もあるので，ここでは少し範囲を広げて考えてみることにする。

　こうした時，まず依拠すべきなのは辞書だろう。そこで，英語としてどのような単語が対応するかを，研究社の『新和英大辞典』第五版（2003）で調べた。そこから遡って *Oxford English Dictionary (OED)* や，サミュエル・ジョンソン（Samuel Johnson 1709-1784）の英語辞典（*A Dictionary of the English Language*）までを参照するのも楽しい作業ではあるが，まずは日本語の範囲で関連する概念を整理することに作業を集中したいと考えた。その場合，日本語の辞書として，その昔の語義を知るためには大槻文彦（1847-1928）によって編纂された『言海』（六合館　1891年刊）を紐解くのがよいだろう。現在の辞書としては，一般に，『広辞苑』（岩波書店）を参照することが広く行われているので，その第六版（2005）を参照した。また，もうひとつの辞書としては『新明解国語辞典』（三省堂）がしばしば参照されているように思うので，その第六版（2005）も参照することにした。さらに，関連概念を調べるという目的から講談社の『類語大辞典』（2002）を参照し，語彙を補強すると同時に，そこにある語義についても参照した。

　以上五つの辞書を参照することにしたが，基本は○○者や○○家のように，○○に係わる「人」について調べた。ただ，それが掲載されていない場合は，○○について語義を明らかにするようにした。

　なお，ここではあくまでも日本語における語義の検討に限っている。欧米とはこの領域に限らず概念体系が異なっているため，その話を交えるとロジックが混乱するだろうと考えたからである。

2. 研究者, 研究家

　さて, 最初はダイレクトに**研究者**, そして研究家について調べてみた。しかし, 『言海』にも『広辞苑』, 『新明解国語辞典』にもそのままでは掲載されていないので, 研究について調べた。

　その結果, 「深く考える」または「よく考える」ことと, そうした知的活動の結果として, 何かを「明らかにする」ことが研究者の条件とされているようである。その目標になるのが『広辞苑』では真理であり, 『新明解国語辞典』では理論となっているが, そこに深い違いはなさそうだ。基本的には, まとめあげられた知識を保有しているというよりは, 真理や理論に至るためのダイナミックなプロセスの途上にある人が研究者だ, というように考えられる。静的な状態と動的な状態の違いといえるかもしれないし, 研究者が大成すると学者に移行する, ともいえるだろう。この研究者の定義は重要な点なので, 後でまた論じることにしたい。

　これとは別に, **研究家**という表現は, 料理研究家とか浮世絵研究家といった形で使われることが多い。つまり, 若干趣味に近い世界で, 研究的な志向性をもっている人たちということになる。しかし, 対象が何であれ, 研究を志している点は研究者と同じであり, 僕としては広義の研究者には含めたいと考える。

　なお, 項目としては取り上げなかったが, 研究員という言い方がある。これは職位の名称として, 研究員, 上級研究員, 主任研究員, 主管研究員といった形で使われている。このように「研究」というキーワードを付した職位を置いているのは, ダイナミックに前に進んでいかねばならない企業や研究機関の姿勢を反映しているといえる。いいかえれば, そうした組織には学者はいらないとも言える。たいていは書籍や資料を調べれば分かることだし, 必要な時にはそのときにお伺いを立てればいいからである。

また，調査という言葉も関係があり調査研究と続けて用いられることがあるし，調査員という言葉もある。ただし調査は，それ自体で完結する活動ではなく，その結果が研究に用いられてはじめて意味がでてくるものであり，研究の補足的活動と位置づけることができる。

3. 博士，学者

さて，研究者との関連で，博士や碩学，学者について，また関連して学問とか学者肌という概念を調べてみた。

まず博士だが，これには「はかせ」と「はくし」という読み方の違いがある。そのことはよく知られていると思うが，それぞれに意味の違いがあることは案外知られていないように思う。いわゆる資格としての博士は「はくし」であり，現在では課程博士や論文博士という種類があって博士号という資格認定は大学院における重要な活動ないしは儀式の一つとなっているが，大学においてすら教員の間で「はかせごう」「はかせかてい」というような言い方がしばしばなされている。厳密にいえば「はくしごう」ということになるのだろう。

反対に「はかせ」というのは，対象分野について深い知識をもっている人のことを意味しており，たとえば鉄腕アトムにでてくるお茶の水博士は，おそらく「はかせ」に属する人ということになるだろう。いや，もし彼が学位を持っていたのなら手塚治虫さんには謝罪しなければならない。

博士号については，以前は，達成した業績について与えられるものであったが，最近は，所定の水準の研究能力をもっている人に与えられるようになってきた。これは，博士号保持者の数でアメリカなど諸外国に比肩できるようにしようという政治的判断がベースにあり，判定基準が変動してきたためであろう。

昔の博士号に対する考え方を示す一つの例がサミュエル・ジョンソンの『英語辞典』（図3）の刊行である。彼は，この大著を個人で編纂

図3 サミュエル・ジョンソンの『英語辞典』
(*A Dictionary of the English Language*) (1755)

したが, それによってOxford大学から得たのは博士号ではなく修士号にすぎなかったという。当時は学位に対して実に厳しい基準があったわけだ。また, 現代哲学の煌星ともいわれる天才ウィトゲンシュタイン (Ludwig Wittgenstein 1889-1951) においてすら, あの影響力の大きな『論理哲学論考』は, 1929年になってようやく博士号を与えられたものである。このとき, 1889年生まれの彼はもう40歳になる年であった。博士論文というものの重さが, 比較的最近まで, 特にアメリカ以外の国々では, 相当なものであったことが分かるエピソードである。

さて, 博士以外の概念についても触れておこう。学者というのは, 学問に優れた人, またはそれに従事している人であり, 碩学というのはそのなかでも大学者といえる人のことだが, そもそもの学問というのは, 体系化された専門知識のことであり, まずそれを学ぶことが最初

にある。このあたりには，微妙に研究との違いがあるように思われる。つまり，学問をするということは，既に社会のなかで体系化されたものを受容することであり，その体系のなかに組み入れられているという静的なニュアンスがある。これに対して研究というのは，ともかく真理や理論に向かって進んでいく人といった動的なニュアンスがある。その動的性の故に，時にはその時点で支配的だった考え方に反旗を翻すことにもなるだろう。博士という学位にしても，アカデミアという社会的体制に受容されることを意味しており，この一群の概念については，アカデミアという社会システムとの関係が重要であると思われる。

　学者については，その専門領域によって，科学者とか哲学者，文学者，法学者，経済学者といった表現が存在するが，自分から「私は科学者です」と言うような人は少ないだろう。自分から学がある人間だというのはおこがましいからだろう。だから他人から見て，その人は科学者である，哲学者である，というように規定する使い方が基本といえる。さらには狂気の科学者とか，孤高の哲学者といったような形容詞がつくこともある。当人が自分のことをどう思っていようと，○○学者という言い方は，他人が勝手につけるラベルとしてしばしば用いられているようである。

　学者肌というのは，そうした学者に見受けられる気質のことである。一般的なイメージでいえば，世知にうとく，当然金儲けも下手で，家族サービスなども考えない。ある意味専門馬鹿ともいえるが，自分の専門については実に深い知識を持ち，語り出すとキリがない，こんなあたりかと思う。こうした気質をもった，ある意味「古典的」な学者が最近は少なくなったようにも思う。実際，よほどの財産があれば別だが，そんな暮らしをしていたら生きてゆけないのが現在の社会でもある。

4. 学識経験者，識者，知識人

　学識経験者というのは，府省や自治体，法人などの委員会の委員として任命される人によく使われる。『広辞苑』には「豊かな生活経験」とも書かれているが，果たしてそれが何を意味するのかが明瞭ではない。豊かな生活経験といっても，これは職を10も20も転々とした人のことではないだろう。人間，生きていれば何某かの生活経験を積むことになるが，その意味では，生きながらえて高齢になった人のことを指しているとも考えられる。純粋培養のアカデミアの人間は，その意味では含まれないようにも思えるが，実際に委員会の委員に任じられている人たちを見ると，結構そうした純粋アカデミア人間が入っていることが多い。要するに，実際にはどこぞの有名大学の教授であったり，学長経験者であったり，あるいは企業のなかで順当に階段を上り詰めて研究主幹や役員などになっている，ということが選抜理由になっているように見える。それなりの有経験者であるとは思うが，それを豊かな生活経験といっていいのかどうか疑問に思う。結局は肩書きや"勲章"の数なんじゃないの，という疑問である。いっそのこと，法曹界で活躍してから大学教授になった人とか，企業人を経験してから大学教授になった人等々に限定した方がいいように思えるし，一度くらい離婚を経験している方が好ましいなどとも考えられるが，どんなものだろう。

　教養という概念も微妙である。『広辞苑』のように「学問・芸術などにより人間性・知性を磨き高める」というように，学問と人間性の間に正の因果関係があるといえるのだろうか。教養主義とか教養人という言葉もあるし，教養課程とか教養講座というものもあるけれど，そこで言われているのは似非教養といった方がいいのではないか。教養の薫りに憧れる人が多いことは分かるが，教養の有無や程度を判定する基準はない。あくまでも，何となくそんな感じがする，という程度で

しかない。テーブルマナーがきちんとしていれば教養人なのか，有職故実に長けていれば教養人なのか，落語から講談，長唄などに詳しければ教養人なのか，古今東西の文学全集を読破していれば教養人なのか。まあ「広い知識」という表現が語義に含まれているから，物識りに近い意味合いだと考えてもよいのだろうが，何か今ひとつ腑に落ちない。いずれにしても，研究者という概念とは大分ずれていると思われる。そもそも研究者のもつべき前傾姿勢が感じられない。

次に**識者**に行こう。これは識のある人ということで，知識や見識があって，それにもとづいて適切な判断ができる人のことである。それなら学識経験者に近いではないかとも思えるが，学識経験者として委員会などに呼ばれた場合，型どおりの意見を聴取され，会議が形式的に終了することが多く，いわゆる出来レースに近いことが多い。それと比較して，識者というニュアンスには，必ずしも体制に迎合せず，自分なりの識見でものごとを考えているという意味合いがあるように感じられる。

啓蒙家については，知識ある人が上から目線で一般の人々を捉えている印象がある。18世紀あたりの欧州ならいざ知らず，現在の世の中でこうしたスタンスを取っていたら鼻つまみ者とされてしまう。しかし，現在は全体的な教育水準は向上しきているものの，いまだに社会には常識や通念という形である種のバイアスが当然のような顔をしてまかり通っている。こうしたものに敏感に反応し，その危険性を説くことはまさに啓蒙である。ただ，現在では，啓蒙という言葉自体が死語に近く，同じ意味は知識人という表現に置き換えられているように思う。

その**知識人**だが，カタカナでインテリゲンチャと書くとロシア革命当時の印象があり，いかにも古めかしい。日本でも1960～70年代には行動する知識人といった表現がよく使われていた。裏を返すと，一般的な知識人というのは，アームチェアに座っているような学者に近いイメージがあり，その一方で身につけた識見を生かして社会に対して行動をすべきだ，という主張がなされた時期があった。少なくとも

知識には，物事をよく知っているだけでなく，適切な判断力を持っているという意味合いがある。判断ができるなら，それに応じて行動すべきだ，ということである。ただ，もともとの知識人は知識階級，さらにいえばホワイトカラーにも近く，自分の持っている知識や技能を活かして仕事をしていく人たちを意味しているといえる。

5. 教授，教員，教師

　教授というのは，現代における知識人の代表的な姿といえる。研究者と学者の違いについてはダイナミックかスタティックかという形でニュアンスの違いを表現したが，教授というのは大学等の研究教育機関における職名であり，その中身はさまざまである。ダイナミックな人たちもいれば，スタティックな人たちもいる。いずれにしても「教」という文字が含まれているところがポイントで，高等教育機関における教育者という点が本来の意味である。大学教員の間では，教育と学務と研究のバランスについて話題になることが多いが，本来の役回りは教育だということになる。しかし，最新の知識を教授するためには，研究者か学者である必要があり，研究時間を削減されたのでは望ましい高等教育は行えないことになる。このあたりについては本文を参照していただきたい。

　以前は，教授，助教授，講師，助手といった階層になっていたが，現在の日本では，教授，准教授，助教，助手と区別されている。基本的に若いうちは研究業績を積むことが求められているため，研究者としての側面が強いはずなのだが，ある程度功成り名を遂げると学者という雰囲気を漂わせるようになってくる。

　ただ，文字からも分かるように，また辞書の定義にもあるように，基本は教え授けることであり，それによって生活基盤を得ているのである。

　教員という言葉は，初等教育から中等教育，高等教育を含めて，生

徒や学生の教育指導にあたる人たちをいう。したがって教授も教員のひとつといえる。

教師は，教員と同じ意味をもつ場合もあるが，「人生の教師」のように，教育機関で働いていない人たちを呼ぶ場合にも使われる。その意味では，教員というのは役目柄，教育を担当している人たち，教師というのは師として仰ぐに足る教育をしてくれる人たち，という違いがあるともいえる。

なお，**教官**という言葉は"官"としての教育者に適用される言葉であり，私立の大学教員は教官ではない。したがって，私立大学で"退官記念講演"といった言い方をするのは間違いである。

6. 専門家

ある分野に関する深い知識を持っている人であり，その意味では学者も専門家の一部といえるが，学者の場合にはもう少しその知識に幅があるようなニュアンスがある。新明解の定義のように「他の部門にはかかわらない」としてしまうと，余計にそうした印象が強くなる。

一般的にいえば，特に若い頃からあまり手を広げると"浅く広い"知識を持つだけになってしまうことが多く，そうしたつまみ食い的な知識はジャーナリスティックなものだから，と若い研究者に注意する先輩がいたりする。そうした専門家の生活のなかでは，ある程度特定の専門分野で経験を蓄積すると，テーマとの関連性で自然に守備範囲が広がってくる場合もあるし，やり尽くしてしまって自分にはもう先は考えられないなどと考えて研究の方向性を変える研究者もいる。

ともかく，人間のもっている時間は有限なので，その密度に多少の差があるにせよ，狭く深く行くことを狙うか，広く浅く行くことを狙うかを選ばねばならない。ただ，特に最近の若い人たちを見ていると，自分のキャリアパスの方向性を考えて，複数の専門領域を持ち，それを巧みに組み合わせて新しい研究領域の開拓につなげようとする傾向

がでてきているようでもある。

7. 技術者, 開発者, 発明家

　身につけた技術や知識を用いてものづくりに携わるのが技術者であり, 必ずしも研究者的な姿勢や志向性をもっているとは限らない。それに対して開発者は, 研究成果を実用に供しようという努力を行う点, 研究者と同じような前傾姿勢を持っているといえる。ただ, その活動の焦点は, 新しい人工物を作り出すことにあるため, そうした活動の蓄積を行っていっても研究者とは違って学者になるわけではない。

　発明家は, 新しい仕組みを考え出したりする人だが, 単に頭のなかで考えているだけでは間違っている可能性もあるため, それを実証する必要がある。そうなると技術的開発を行うことになるため, 技術者や開発者と重なる部分が大きい。特に, 企業では, 研究者だけでなく, 技術者や開発者にも特許の取得を推奨している。昔の映画などでは, ドライアイスの煙がでているビーカーやフラスコを並べたり, 大きな電源盤を操作したりしている発明家のイメージがあるが, 実際とはかけ離れたイメージである。

8. 職人, 芸術家, デザイナー

　いずれも独自な人工物を作り出すという意味で, 研究者との関係があると考えて, ここに含めた。**職人**というのはどちらかというと伝統的な技法や工法を守って, 昔と同じようなものを作りつづける人々を指しているようにも思えるが, そうした職人のなかにも創造的な仕事をしている人たちは多い。たとえば刀鍛冶には関孫六のような名匠と呼ばれる人物もいたし, 現在では重要無形文化財保持者として称えられてもいる。

芸術とデザインは，現在の大学教育ではともに芸術学部に所属していることが多く，区別しにくいが，別に大学での専攻が芸術家となるか**デザイナー**となるかを決定するわけではない。現実には，多くの工学系の専攻出身者や文系の出身者などが芸術家やデザイナーとして働いている。創造力や想像力を駆使した仕事をするところは技術や工学と共通している。

芸術とデザインの区別は時に紛らわしいが，僕は，基本的に，芸術家は自己表現のためにメディアを活用する人たち，デザイナーは顧客に産品を提供するためにメディアを活用する人たち，という点に違いがあると区別している。一部の研究者は，自分の関心事を追求するために研究活動を行っているが，多くの研究者はその成果を世に広めようとしている。その意味で，研究者の一部は芸術家的，多くはデザイナー的ともいえるだろう。

デザイナーは人工物を作り出すという点では技術者や開発者と近いスタンスであるが，想像力を膨らませるか，技術的にタイトなものを目指すかという点に違いはある。ただ，そうした技術者の慣習的な仕事の仕方が，技術的産品の独創性のなさにつながっているとして，**ウィノグラード**（Terry Winograd 1946-）は，技術者に対してデザイナーの仕事のやり方に学ぶ必要があると提言している（1966）。なお，その前提として，デザインという活動が，いわゆる色と形による意匠に限定されるものではない点にも留意しておくべきである。

9. 天才，秀才

天才には生まれつき特別な能力が備わっているという意味があるが，優秀であるという点では天才も秀才も同じである。天才少年，天才少女という言い方があるように，早熟さに天才を見ようとする傾向が世間にはある。一時，心理学や精神医学では**天才研究**という領域が興り，それが心理学や経営学における**創造性研究**につながったが，

最終的には、できるだけ多数の人々に共感してもらわないと社会的には受容されないということから、よいアイデアを創出しましょう、というあたりに落ち着いたようだ。かように天才というものは生まれつきのものであり、真似できるものではなく、習得できるものではない。ともかく人々に憧憬を抱かせるニュアンスをもった概念ではあるし、天才的研究者といわれる人々もいるが、とりあえず後年になってから冠せられるラベルであるとして気にしないのがよいだろう。

10. 常識人

　常識的知識という概念と対比されるのは専門的知識だろう。社会の人が共通してもっている知識が常識的知識なら、その領域を専門とする人だけがもっている知識が専門的知識である。しかし「**専門馬鹿**」という言葉があるように、専門に走りすぎて常識が欠落している専門家が多いのは事実といわざるを得ない。基本的に、常識というものは、それを知った上でそれを乗り越えるべきものだと思っている。私見では、大学をでてから社会で働き、その後に大学の教員になった人と比べて、いわゆる生え抜きの人たちに社会常識の欠けているケースが多いように思う。社内の研究者が専門馬鹿にならないようにと、前述したようにT定規型の知識を持つようにすべし、という表現を採っている企業もある。考え方としては適当なものと思うが、そのために何をどうすればいいかという具体策が課題である。たとえば、本を読ませて感想文を書かせるようなことで常識が育つとは思えない。人間は、自分の置かれた場から要請されることに応えようとする性質を持つので、常識における要請がなければそれを学ぼうとはしない。その点で、俗なことは秘書に任せて自分たちは研究に没頭するという環境は、たしかに研究を加速させるかもしれないが、人材育成という点では課題があるといえるだろう。また、若い人たちを社内や学内に囲い込んでしまって、外部の世界との接触を制限してしまっていること

がある。たしかに，上司の立場として，一定の箍をはめておかないと止めどなく暴走してしまうのではないかという危惧を抱く気持ちは分かるが，社外や学外に出るチャンスをある程度与えるようにすることは，特に若い研究者の育成では重要なことと思う。

11. 勤勉家，努力家

　勤勉であり，努力を続けることは，研究者だけでなく，すべての生業において重要なことだ。人は生まれながらにして平等である，というのは「本来は…べきである」という意味であり，実際には大きな差がある。経済的に苦しい状況のため，大学院に通いながら，夜は警備員の仕事をしていた人を知っているが，その人は今では国立大学の教授になっている。

　もちろん生活基盤を確立するだけでなく，本務においても努力を続ける勤勉さは大切である。ただ，研究に必要なすべての作業を自分でやる必要はない。研究補佐員を利用して，本当に自分でなければできない部分に注力すべきだ。何でも自分でやらないと気が済まない人がいるが，これは性癖というべきものだろう。ともかく，自分のやろうとしている目標に対して，どのような仕事や作業が必須のものであり，どのようなものは補助的なものであるかをきちんと識別し，前者に注力できるような体制を確立し，そうしたやり方を実践していくことが必要だ。そのためには，何かをやらなければいけない時，これは誰それさんにやってもらったらどうなるだろう，と考えてみることだ。もちろん，研究を手伝ってくれる誰それさんがいないと話にならないが，それを考えることは研究体制の確立として「自分でやらねばならない」部分でもある。

12. 読書家

　書物や文献や資料をよく読むことは研究にとって重要である。特に新規な領域に乗り込もうとする時には，その領域で既にどのようなことが行われ，知られているのかを知っておかないと無駄な努力をすることになるからだ。また研究の幅を広げるためにもある程度幅の広い読書は重要である。

　若い頃，「時間がないんですよ，もっと本を読みたいんです」と上司に言ったら「本を読む時間があったら自分の研究をしなさい。独創的なことは本を読んでも生まれてこないから」と言われたことがある。そのとき以来，そうした話は会社ですることではないと考えた。もちろん，会社で本を読むのは多少筋違いかもしれない。図書室もあるが，しょっちゅう入り浸るわけにもいかない。そんなわけで，以来，とにかく自分の時間を作ること，そしてその時間で本を読んだりすることを心がけてきた。

　研究者にとって読書が重要である話を書いたわけだが，読書家というのはそれとは異なり，とにかく本を読むのが大好きで読書に没頭する人のことである。読書量が多いので知識の量は多くなるが，だからといってその人を知識人と呼べるかどうかは微妙である。読書によって得た知識をどのように構造化し体系化し，それをどのように自分の考えに組み入れるかが知識人となるための前提条件ともいえるので，ただ受動的な態度で読書に没頭するだけでは趣味の一つとみなすべきだろう。

13. 収集家

　なぜここに収集家を入れたかというと，収集という人間の基本的性癖のひとつが，領域によっては，結構，研究者にとって重要なものにな

るからである。

　収集の対象には，昆虫やコイン，切手など，子供時代から始まるものもあり，長じて，ワインのラベルを集めたり，書画骨董を集めたりする人もいる。しかし収集という活動は，そうした趣味の領域だけでなく，研究においても大切なものになる。たとえば文化人類学や民俗学では，多様な人工物や物語の収集が研究の基本ともなる。欧米では，17世紀の医師**ヴルム**（Ole Wurm 1588-1655）は，言語学的文献にはじまり，化石や石や頭蓋骨，考古学的遺物の類を収集したことで知られている。また昆虫の研究で有名な**ファーブル**（Jean-Henri Casimir Fabre 1823-1915）や，粘菌の研究や博物学で知られる**南方熊楠**（1867-1941），植物学で著名な**牧野富太郎**（1862-1957）のような人は，その収集癖が彼らの研究の基礎になっていたといえる。趣味の領域の収集家から脱して研究者になるかどうかは，収集したものについての知識量や洞察力などが関係していると思われるが，研究への一つの入り口であることは確かである。

14. 物知り

　読書家も**物知り**になる可能性があるが，物知りの博識の源泉は書物だけとは限らない。実際の観察や経験，伝聞など多様な情報源があり，そこから得た知識を無数のポケットに入れていると喩えてもいいだろう。しかし，単なる物知りの場合にはポケットが多いだけであり，その中の情報や知識が有機的に結合されていない。そのために便利屋として重宝されることはあっても，そこ止まりになることが多い。

　大学教員に時々見かけるのだが，あちこちの研究集会に参加するのが好きな人がいる。とにかくお話を聞くのが好きなようだ。自分から登壇することはめったになく，席に座ってひたすら話を聞いている。こうした人がプロジェクトメンバーに入っていたりすると，実質一人分の欠員があるのと同じことになる。グループ討議に熱心に参加するわけ

でもなく，割り当てられたことは一応こなすが，自分から積極的に役割を担当しようとはしない。情報の流れにおいて終端に位置しているわけだ。なぜか積極的な研究者と共同研究というものをしたがることが多いが，その共同作業の大半はお勉強になってしまう。こういう方にはご遠慮願いたいと思っている。

ただし，研究者との関係で考えると，研究者が（無理をしない範囲，あるいは過度にならない範囲で）物知りであることは有利である。その場合，それは教養と呼ぶこともできるし，常識であることもあるだろう。ただ，研究者は研究目標に向かって前傾した人間である。教養が豊かだったり常識に富んだりしていることは研究や実生活において有利に作用することはあるが，ともかく第一に目指すべきなのは研究というアクティブな活動である。

15. 半可通，衒学者

最後に半可通(はんかつう)と衒学者(げんがくしゃ)を追加した。よく知らないのに知ったかぶりをする半可通と，知っていることをひけらかす衒学者である。どちらも人間としてちょっと疑問符の付く人物ではあるが，僕自身，自分がまったくそうでないとは言い切れないところが辛い。それ故，僕の場合は境界領域をやっているのだから，という言い方を口実にしているところがある。

辞書的な解釈を敷衍すれば，他人からの自己評価を高めたいために苦肉の策を弄している者といえるだろう。研究者にも半可通的傾向や衒学的傾向のある人がいることは確かだ。まあ話半分に聞いて置けばよいのだが，その話につきあわされるのは時間の無駄かもしれない。その意味で読者の皆様には，よくぞここまで読んでくださった，と感謝している。

とは言いながら，**永井荷風**(1879-1959)の『妾宅』にでてくる珍々先生なる人物は，荷風によって「半可通」と呼ばれており，世間に背を

向けて薄暗い妾宅に居るのが好きなお方であり，さらには厭世的で詭弁的精神の持ち主とされている。しかし，この話のなかの「先生は汚らしい桶の蓋を静に取って，下痢した人糞のような色を呈した海鼠の腸をば杉箸の先ですくい上げると長く糸のようにつながって，なかなか切れないのを，気長に幾度となくすくっては落とし，落としてはまたすくい上げて，丁度好加減の長さになるのを待って，傍の小皿に移し，再び丁寧に蓋をした後，やや暫くの間は口をも付けずに唯恍惚として荒海の磯臭い薫りをのみかいでいた。」という海鼠腸を食する部分の記述は，実に実に印象的で，大好きで，忘れられない箇所である。半可通がこのような暮らしをすることをも意味するのであれば，それだけで僕は惹きつけられてしまう。もちろん，真っ当な研究者の生活とは遙かに隔たったものではあろうが，研究者の端くれである自分にはそうしたところもある，という話である。

16. まとめ

さて，多少横道にそれたが，ここまでの論考をもとにして，研究者の定義を試みた。それは次のようになると考える。

専門とする領域において深い見識や知識をもち，それをベースにして新しい領域に挑んで調査や考察を行い，さらなる知的資産を構築しようとする人。

これについての注釈等は，本書の冒頭を改めて参照していただきたい。ともかく研究者としての資質と動機付けのある方々には，困難や障壁にめげることなく，覇気をもって自ら選んだ道を進んでいってほしいと思う。

引用文献

[1] Apple Computer (1988), "Knowledge Navigator" https://www.youtube.com/watch?v=yc8omdv-tBU
[2] Bush, V. (1945), As We May Think, *The Atlantic Monthly*.
[3] Comte, A. (1848), *A General View of Positivism or Summary Exposition of the System of Thought and Life*, Provided by Google Books.
[4] Creswell, J.W. and Clark, V.L.P. (2007), *Designing and Conducting Mixed Methods Research, Sage*. (大谷順子訳 (2010),『人間科学のための混合研究法』北大路書房".)
[5] Engelbart, D.C. and English, W.K. (1968), "A Research Center for Augmenting Human Intellect." *AFIPS '68 Fall Joint Computer Conference Proceedings*.
[6] Johnson, S. (1755), *A Dictionary of the English Language*. W. Strahan.
[7] Kay, A. and Goldberg, A. (1977), "Personal Dynamic Media." *Computer* 10(3), pp.31-41.
[8] LeCompte, M.D. and Preissle, J. (1993), *Ethnography and Qualitative Design in Educational Research – Second Edition*. Academic Press.
[9] Lewin, K. (1946),"Action Research and Minority Problems." *Journal of Social Issues 2*, pp.34-47.
[10] 箕浦康子 (2009),『フィールドワークの技法と実際II分析・解釈編.』ミネルヴァ書房.
[11] Spranger, E. (1921), Lebensformen: Geisteswissenschaftliche *Psychologie und Ethik der Personlichkeit*. Tubingen: Max Niemeyer. (伊勢田輝子訳 (1961),『文化と性格の諸類型』、明治図書.)
[12] Weiser, M. (1991), "The Computer for the 21st Century." *Scientific American* 265, 4-104.
[13] Weiser, M. (1993), "Some Computer Science Issues in Ubiquitous Computing." *CACM*.
[14] Winograd, T. (1996), *Bringing Design to Software*, ACM Press. (瀧口範子訳 (2002),『ソフトウェアの達人たち-認知科学からのアプローチ』ピアソンエデュケーション.)

索引

数字
4S活動 95
アルファベット
CiNii 165
FD(Faculty Development) 99
Google Scholar 165
STAP細胞事件 42
T定規アプローチ 193
UX(ユーザエクスペリエンス) 24

あ
アイデア横取り 42
アカデミア 43
アカデミックハラスメント 43, 161
安彦麻理絵(1969-) 140
アラン・ケイ(Alan Kay 1940-) 59
アルキメデス
(Archimedes BC287-BC212) . . . 185
い
イメージを外化 191
インターネット 59, 72
インタラクションデザイン 16, 17
う
ウィノグラード
(Terry Winograd 1946-) 206
ヴルム(Ole Wurm 1588-1655) . . . 210
え
英語での作文能力 105
エスノグラフィ 48
エンゲルバート
(Douglas Engelbart 1925-2013) . . 59
お
オーウェル
(George Orwell 1903-1950) 73
オンラインジャーナル 165
か
カーツワイル(Ray Kurzweil 1948-) . 74
カード(Stuart Card 1946-) 87
科学研究費助成金 150

学位 112
学位取得 116
学位審査 118
学識経験者 201
学者 200
学者肌 200
科研 150
仮説演繹法 48
価値態度 172
学会活動 129
学会誌 164
学会発表 130
学科会議 147
鴨長明(1155-1216) 39
ガリレオ(Galileo Galilei
1564-1642) 138, 178
川喜田二郎(1920-2009) 49
姜南圭 115
き
企業の研究 152
木戸彩恵 115
キャリアパス 9
給与 143
教員 125, 154, 203
境界領域 91
教官 204
教師 204
教授 203
教授会 147
く
グループ研究 157
クレッチメル
(Alfred Kretschmer 1894-1967) . . 73
け
経験主義(empiricism) 47
経済的価値観 172
経済的自由 175
啓蒙家 202
研究家 197

研究活動 129
研究管理 128
研究共同体 63
研究資金 149
研究成果 123
研究テーマ 86
研究ノート 157
研究倫理 42
研究者 197
原典主義 32
こ
後継者としてのコンピタンス 189
口語のコミュニケーション能力 105
講習会（チュートリアル） 167
公私混同 184
国立情報学研究所 165
個性記述的 (ideographic)
アプローチ 48
コピー＆ペースト 146
孤立した環境 192
コント (Comte, A. 1798-1857) 47
さ
作業環境 37
札幌ITカロッツェリア 25
査読付き論文 124
澤井真代 115
し
シェーン事件 42
時間 143
時間的自由 175
識者 202
自己効力感 (self-efficacy) 82
時代 45
時代の制約 45
実行委員会 167
実質的な使いやすさ 19
実証主義 (positivism) 47
質保証 9, 99
自分 173
社会的価値観 172
社会的制約からの自由 175
社会というシステム 133
自由 3, 175
宗教的価値観 172
収集家 209
主義 (ism) 50
授業 145
シュプランガー
(Eduard Spranger 1882-1963) . . 172
奨学寄付金 23
上昇志向 183
ショートペーパー 167
職人 205
女性研究者 139
ジョン・フォード
(John Ford 1894-1973) 139
資料の整理 36
新規性 56
シンギュラリティ (singularity) 187
人工物進化学
(Artifact Evolution Theory) 90
人工物発達学 (Artifact Development
Analysis) 90
身体性 192
ジンバルドー
(Philip Zimbardo 1933-) . . . 65, 139
審美性 19
審美的価値観 172
深謀遠慮 179
す
水平志向 183
スタインベック
(John Steinbeck 1902-1968) 140
スタンフォード監獄実験 65, 139
せ
政治的価値観 172
整理, 整頓, 清潔, 清掃 95
セクシュアルハラスメント 160

専門馬鹿 207
そ
総研大 28
総合研究大学院大学 28
創造性研究 206
ソーシャルスキル 103
ソシオグラム(sociogram) 158
た
大学 153
対象化 63, 191
対人折衝能力 102
ダイナブック(Dynabook) 59
高柳健次郎 (1899-1990) 136
タッチタイピング 107
ダビンチ(Leonardo da Vinci 1452-1519) 108
ち
知識人 202
知への渇望 2
つ
使いやすそうに見えるデザイン 19
て
定性的 (quantitative) 48
定年 32, 131
定量的 (quantitative) アプローチ .. 48
デカルト (René Descartes 1596-1650) ... 136
適度な刺激 192
デザイナー 206
デザインレビュー 18
天才研究 206
電車 192
と
盗作 43
洞察力 103
特許化 123
トラクティンスキー (Noam Tractinsky 1959?-) 19

な
永井荷風 (1879-1959) 110, 211
ナチズム時代のドイツ 138
ナレッジ・ナビゲータ (Knowledge Navigator) 59
に
ニールセン(Jakob Nielsen 1957-) .. 88
入試 148
ニュートン (Newton, I. 1642-1727) 185
人間中心設計 50
人間中心設計推進機構 (HCD-Net) 26
ね
ねつ造 43
ネットワーク 122
の
ノーマン(Donald Norman 1935-) .. 19
は
ハイパーメディア 59
はかせ 198
はくし 198
博士号 112
場所の制約 46
ハッセンツァール (Marc Hassenzahl 1969-) 89
ハラスメント(harassment) 160
パラダイム 50
パワーハラスメント 159, 161
万能人 (uomo universal) 108
ひ
ピアレビュー 156
批判精神 103
ヒューマニティインタフェース 16
ヒューマンインタフェース 22, 23
ふ
ファーブル(Jean-Henri Casimir Fabre 1823-1915) 210

ファーンズワース(Philo Taylor Farnsworth 1906-1971) 137
ブッシュ (Vannevar Bush, 1890-1974) 58
ブラインドレビュー 166
フルブライトの留学制度 109
フルペーパー 167
風呂 192
フロイト (Sigmund Freud 1856-1939) . . . 136
プログラム委員会 167
へ
ヘッセ(Hesse, H. 1877-1962) 35
ヘンリーミラー (Henry Miller 1891-1980) v
ほ
方向性 86
法則定立的(nomothetic)アプローチ . . 48
本審査 118
ま
マーカス(Marcus, A. 1943-) 19
マウス 59
牧野富太郎(1862-1957) 210
マスメディア 71, 138
マッカーシズム 138
まるごう 113
み
見かけのユーザビリティ (apparent usability) 19, 90
南方熊楠(1867-1941) 210
む
夢想的状態 182
め
名誉教授 154
メールでのやりとり 105
目立ちたがり 177
メメックス(Memex) 58
も
モチベーション(動機付け) 43

物知り 210
モラトリアム(moratorium) 77, 78
や
やおよろず(8M)プロジェクト 25
ゆ
ユーザビリティ 24
有用性 56
ユビキタスコンピューティング 59, 73
よ
予備審査 118
四段構成 154
ら
ライバル 120
ラボアジェ(Antoine-Laurent de Lavoisier 1743-1794) 136
ラ・ロシュフコー(François VI, duc de la Rochefoucauld 1613-1680) vi
り
リーフェンシュタール(Riefenstahl, B.H.A. 1902-2003) 66
リックライダー(Joseph Licklider 1915-1990) 12
粒度 86
理論的価値観 172
倫理規定 138
れ
レヴィン(Kurt Lewin 1890-1947) . . 49
ろ
ロールモデル(role model) 112
論理実証主義(logical positivism) . . 48
わ
ワークショップ 167
ワイザー (Mark Weiser 1952-1999) 59
ワトソン (John Watson 1878-1958) 45
ん
ん? 62

■ **著者略歴**

黒須 正明（くろす まさあき）

1978年早稲田大学文学研究科博士課程単位取得満期退学，日立製作所に入社し，中央研究所で日本語入力方式やLISPプログラミング支援環境などの研究開発に従事。1988年デザイン研究所に移り，インタラクションデザイン，ユーザビリティ評価の研究に従事。1996年に静岡大学情報学部情報科学科教授として赴任し，ユーザ工学を体系化。2001年文部科学省メディア教育開発センター教授として赴任。現在は，放送大学教授。ユーザ工学の立場からUX工学，人工物進化学など，感性体験，人間と人工物の適切な関係のあり方というテーマに取り組んでいる。また，2015年まで，特定非営利活動法人人間中心設計推進機構の機構長をつとめた。

著書には『ユーザ工学入門』（1999年，共立出版，共著），『ユーザビリティハンドブック』（2007年，共立出版，共著），『コンピュータと人間の接点』（2013年，放送大学教育振興会，共著），『HCDライブラリー第1巻 人間中心設計の基礎』（2013年，近代科学社）などがある。

■ **表紙について**

カバーのイメージは，デューラー（Albrecht Durer 1471-1528）のMelencolia Iという版画(1514)である。これは僕の好きな版画のひとつなのだが，この絵の不思議な魅力は，「メレンコリア」という言葉から一般に連想される憂鬱さに包まれ押しつぶされたような雰囲気が全くないことだった。むしろ，人物の視線の鋭さは，何かを創造しようとする強い力に満ちているように感じられた。

気になってまずラテン語辞書を見てみたが，そこにはmelancholicusという見出しでhaving black bile（黒胆汁）としか書かれていなかった。次いでJohnsonの辞書で調べると，melancholyの語義の1番目はblack bile（黒胆汁）に関連すること，2番目には"A kindness of madness, in which the mind is always fixed on one object"となっていて，gloomyの意味は3番目になっていた。なぜMelencoliaというスペルになっているのかは結局分からなかったが，この2番目の狂おしいほどの集中力というあたりがデューラーのテーマに近いのではないかと思われた。

ちなみにウィキペディアでは「メランコリアは霊感の訪れを待つ状態として描かれ，鬱の苦悩の状態としては必ずしも描かれていない」とか「ルネサンス以後の中世ヨーロッパにおいては，憂鬱質（メランコリア）は芸術・創造の能力の根源をなす気質と位置づけし直され，芸術家や学者の肖像画や寓意画において盛んに描かれた」と書かれていて，とても納得した次第である。

本書のカバーに使うにふさわしいと考えたのはそうした理由からである。（著者記す）

研究者の省察

© 2015 Masaaki Kurosu　　　　　　　　　　　　　　　　　Printed in Japan

2015年8月31日　初版第1刷発行

著　者　　黒須正明
発行者　　小山　透
発行所　　株式会社近代科学社
　　　　　〒162-0843　東京都新宿区市谷田町2-7-15
　　　　　電話　03-3260-6161　振替　00160-5-7625
　　　　　http://www.kindaikagaku.co.jp

藤原印刷　　ISBN978-4-7649-0485-9
定価はカバーに表示してあります．